Diesen meinen

5. Bestseller widme

ich Ihnen.

Herzlichst

Christian [illegible]

CHRISTIAN HEHENBERGER

Den Gestaltern gehört die Zukunft

10 Zukunftsthesen ▶ Leben und Wohnen 2010/2015 ▶ Trends, die unsere Wirtschaft und Gesellschaft verändern ▶ Managementphilosophien im Wettkampf zwischen Asien, EU & USA ▶ 20 Strategieempfehlungen für zukunftsorientierte Unternehmen inkl. Beispiele aus der Praxis ▶ 33 exklusive Managementzitate

Autor: Christian Hehenberger; Den Gestaltern gehört die Zukunft

Co-Autor: Heinz Durstberger

Verlag: Institut für Marketing und Trendanalysen® GmbH
A-4293 Gutau 2005

ISBN 3-901852-04-2

Umschlag, Grafik und Layout: Ernestine Hehenberger
Fotos für Umschlag: Photographie Gabriele Lackner-Strauss, A-4240 Freistadt

Printed in Austria
Druckerei: Landesverlag Druckservice, A-4010 Linz

Widmung

Dieses Buch widme ich meiner Frau, unseren fünf Kindern und meinen Eltern.

Ein herzlicher Dank gilt unseren unermüdlichen Mitarbeitern Elisabeth, Melanie, Birgitt und Johann.

Kompliment auch an meine Gattin für das erstklassige Layout und die sympathische Covergestaltung.

Eine besondere Ehre hat mir Heinz Durstberger, der ein exzellenter Asien-, China- und USA-Kenner ist, durch seine Co-Autorentätigkeit erwiesen.

Den 33 Persönlichkeiten, die mit ihren exklusiven Managementzitaten diesen Bestseller bereichert haben, danke ich herzlichst.

All jenen Firmen, die durch ihre Inseratschaltungen diese Wirtschaftspublikation unterstützt haben, sei an dieser Stelle speziell gedankt.

Inhaltsverzeichnis

Vorwort

Sie halten nunmehr mein fünftes Wirtschaftsbuch mit dem Titel „Den Gestaltern gehört die Zukunft" in Händen. Als Autor ist es mir ein besonderes Anliegen, nicht nur mit Mut und Zuversicht in die Zukunft zu blicken, sondern diese auch aktiv mitzugestalten.

Nach Jahren der Umstrukturierungen, schwacher Konjunkturen, Stagnation bzw. Rezession zeigen unsere Trendanalysen nunmehr, dass wir uns nach dem Jahrzehnt der minus 30 % auf zwei positive Wirtschaftswachstumswellen in Deutschland und Österreich freuen dürfen. 2005/2006 wird der erste positive Wirtschaftsaufschwung erfolgen, der Big-Bang wird 2010 stattfinden.

Wirtschaftsmotor in Europa neben der EU-Osterweiterung wird ein noch nie dagewesener Innovationsschub in nahezu allen Branchen sein, der uns um 2010 gänzlich neue Produktgenerationen mit Essenz bescheren wird. Hinzu kommt eine boomende Bevölkerungsentwicklung in Deutschland und Österreich, die aus einer massiven Zuwanderung aus den osteuropäischen Staaten ab 2009 resultiert und stark wachsende Märkte nach sich ziehen wird.

Die mit der neuen Völkerwanderungszeit verbundenen sozialen Spannungen werden wir zu meistern haben. Jede Generation hatte bzw. hat ihre Herausforderungen. Ein weiterer Wirtschaftsmotor wird im Bereich der Ökologie der Klimawandel sein, der einen Paradigmenwechsel insbesondere im Energiebereich vollziehen wird und neues Denken und Handeln notwendig macht.

Nachdem man davon ausgehen kann, dass Präsident Bush in seiner zweiten Amtsperiode Amerika ähnlich führen wird wie in seiner ersten, werden die Rüstungs- und Erdöllobbys weiter zu den großen Gewinnern zählen. Aufgrund des enormen Handels- und Leistungsbilanzdefizits der USA ist es sehr wahrscheinlich, dass der US-Dollar in den nächsten Jahren massiv abgewertet wird, mit dem Ziel, die Importe zu verteuern und die Exporte der US-Wirtschaft zu verbilligen.

Ein Euro-Kurs von 1,50 bis 1,60 US-$ ist durchaus realistisch. Auf den ersten Blick wäre zu befürchten, dass ein zu hoher Euro-Kurs den wichtigsten Konjunkturmotor Deutschlands, nämlich den Export, massiv gefährdet bzw. beeinträchtigt. Diese Gefahr ist insofern zu relativieren, da Deutschland eine 78%ige Exportquote innerhalb der EU hat und nur 22 % der Exporte in die USA, nach Asien oder in andere Auslandsmärkte gehen.

Ein weiteres Risikopotenzial – das der explodierenden Erdölpreise – wird durch eine beschleunigte Umstellung auf erneuerbare Energien und neue Technologien relativ rasch in den Griff zu bekommen sein.

Europa ist besser. Das ist eine Kernaussage von Co-Autor Heinz Durstberger, der in seinem hochkarätigen Beitrag die unterschiedlichen Managementphilosophien und den Wettkampf zwischen Asien, Europa und den USA prägnant aufzeigt. Es erfüllt mich mit großer Freude, dass ich Heinz Durstberger als renommierten Asien-, USA- und China-Experten für diese Publikation gewinnen konnte.

Deutschland und die EU im Allgemeinen braucht eine positive Aufbruchstimmung. Der private Konsum als wichtigster Wirtschaftsmotor wird sozusagen wieder neu entdeckt bzw. gestartet. In der Vergangenheit hatte man insbesondere in Deutschland den Eindruck, dass hinter allem und jedem nur Probleme stecken.

Die Politik ließ auch kaum eine Chance aus, die Bürger aufs Neue zu verunsichern. Die Bandbreite verlief vom Pensions- und Gesundheitssystem, das an seine Leistungs- und Finanzierungsgrenzen stößt, bis hin zu Umstrukturierungen im Heeresbereich, wo mehr als 100 Kasernenstandorte geschlossen werden. Die laufende Diskussion über Mehreinnahmen des Staates, die zum Teil über eine höhere

Mehrwertsteuer realisiert werden sollen, rundet das Bild, das zu einer Verunsicherung im privaten Konsum führt, ab.

Dass Umstrukturierungspozesse immer wieder Veränderungen mit sich bringen, die auch schmerzliche Anpassungen erfordern, ist der Öffentlichkeit längst bekannt. Das, was die Menschen aber in Deutschland, Österreich und in der gesamten EU vor allem brauchen, sind Perspektiven, die hoffnungsvoll in die Zukunft blicken lassen.

Es ist daher höchst an der Zeit, unser aller Energie wieder Zielen, Strategien und Umsetzungen zuzuführen, die eine positive Kraft und auch eine berechtige Hoffnung entwickeln. Frei nach dem Motto: Den Gestaltern gehört die Zukunft!

10 Zukunftsthesen, die unser Leben, unsere Wirtschaft und Gesellschaft nachhaltig verändern

Zukunftsthesen
Explodierende Erdölpreise setzen sich fort
Wettkampf um knappe Rohstoffe
ASIA/Pacific vs. EU vs. NAFTA
EU-Wirtschaftsmotor
Ökologie als Arbeitsplatzgenerator
Neue Völkerwanderungszeit
Lohnangleichung Ost & West
Sinkende Arbeitslosenzahlen
Boomende Kriminalität & Terrorakte
Bahnbrechende Innovationen

Zukunftsthese 1
Die explodierenden Erdölpreise setzen sich fort

2010 wird ein Barrel Erdöl der Referenzsorte Light Sweet Crude zwischen 90 und 100 Dollar kosten. Zu Beginn des 21. Jahrhunderts gingen namhafte Ökonomen und Volkswirte davon aus, dass ein Barrelpreis von 35 bis 40 Dollar eine Gefahr für das Weltwirtschaftswachstum sei. Bereits 2004 wurde die 55-Dollar-Preisgrenze pro Barrel in den USA übersprungen.

Die Folge für den Endverbraucher und die Transportwirtschaft in Europa wird unter anderem sein, dass um 2010 ein Liter Superbenzin an den Zapfsäulen rund 2,– Euro kosten wird, Tendenz weiter steigend.

Ursachen für die explodierenden Erdölpreise sind:

- Eine boomende Nachfrage insbesondere aus dem Wirtschaftsraum ASIA, wobei hier China tonangebend sein wird. Des Weiteren wird die NAFTA, allen voran die USA, eine steigende Nachfrage nach Erdöl verursachen.
- Kapazitätsengpässe der Raffinerien, die auf die boomende Nachfrage zu wenig vorbereitet sind oder zum Teil massiv überaltert sind, verschärfen die Angebots- und Preissituation zusätzlich.
- Nicht planbare, aber schmerzliche Erdölförderungseinbrüche durch Terroranschläge auf Raffinerien bzw. Förderungseinrichtungen, die kurzfristig Versorgungsengpässe verursachen und auch Ängste an den Beschaffungsmärkten entstehen lassen, werden die Preisspirale weiter antreiben.
- Durch häufigere und intensivere Unwetterkatastrophen, verursacht insbesondere durch Wirbelstürme, Überschwemmungen,

Dürren inkl. großer Flächenbrände, werden die Versorgungsinfrastrukturen bei Erdöl immer öfter partiell beeinträchtigt. Versorgungsengpässe und damit verbundene höhere Preise sind die unabdingbare Folge.

- Kriege, die um das knappe Gut Erdöl geführt werden, heizen die angespannte Engpasssituation zusätzlich an.
- Die OPEC, die als Branchenführungs- und Stabilitätsinstrument gedacht ist und über Jahrzehnte ein ruhiges Arbeiten mit Verteilermentalität hatte, ist durch diese kommende Entwicklung nachhaltig überfordert und verliert weiter an Bedeutung.

All jene, die daran zweifeln, dass diese Entwicklung Realität werden kann, ersuche ich, in meinem Buch „Märkte mit Zukunft", das 1997 erschienen ist, auf Seite 27 nachzulesen, wo ich prognostizierte, dass bis 2005 ein Benzinpreis von rund 1,50 Euro pro Liter an den deutschen Tankstellen zu erwarten sei.

Die beschriebene dramatische Entwicklung, nämlich das weitere Explodieren der Erdölpreise, wird insbesondere in der EU und in den USA den wirtschaftlichen und öffentlichen Druck auf die Automobilindustrie, die Bauwirtschaft und die Energiewirtschaft verstärken. Das Ziel, das die Öffentlichkeit und die Politik von den Wirtschaftstreibenden vermehrt einfordern werden, ist, sich aktiv aus der Erdölabhängigkeit abzukoppeln. Der positive Big Bang dazu wird um 2010 passieren, wenn der Leidensdruck durch eine mangelnde und immer schlechter werdende Versorgungsqualität und zu hohe Erdölpreise die Toleranz- und Schmerzgrenze sowohl der Konsumenten als auch der Wirtschaft im Allgemeinen übersteigt. In den Geschichtsbüchern ist nachzulesen, dass, wenn der Leidensdruck groß genug war, sehr oft die bahnbrechendsten Innovationen erfunden bzw. für den Markt freigegeben wurden.

Sicher ist, dass das knappe Gut Erdöl ab 2010 nur mehr für höherwertige Verwendungs- und Verarbeitungsprozesse bzw. Produkte mehrheitlich herangezogen werden wird. Für Verbrennungsprozesse in den Motoren wird dieser edle Rohstoff immer weniger verwendet werden.

Zukunftsthese 2
Der Wettkampf um knappe Rohstoffe

China mit 1,3 Mrd. Menschen und einem durchschnittlichen realen Wirtschaftswachstum von rund 10 % pro Jahr sowie Indien mit 1,4 Mrd. Menschen und der größten Demokratie unseres Globus werden einen in seiner Dimension noch unbekannten Rohstoffhunger entwickeln, der sowohl die EU als auch die USA vor gänzlich neue Herausforderungen stellen wird.

In rohstoffintensiven Branchen wie zum Beispiel der Stahl- oder der Kunststoffindustrie werden die Beschaffungsmärkte insbesondere durch die boomende chinesische Nachfrage zeitweise leergefegt werden. Das autoritäre Regime Chinas mit vorsichtigen marktwirtschaftlichen Ansätzen, das nach außen bewusst sympathisch und ordnungsliebend dargestellt wird, wird sich auch durch hohe bzw. sehr hohe Rohstoffpreise in der Realisierung ihrer Megaprojekte bzw. Generalstrategien nicht bremsen lassen.

Gigantonomie war und wird ein weiteres Markenzeichen Chinas bleiben und noch ausgebaut werden.

In Shanghai wird beispielsweise der höchste Wolkenkratzer der Welt gebaut. Der modernste und imposanteste Formel-1-Ring der Welt wurde in einer Rekordzeit von nur acht Monaten errichtet. Wenn Mr. Ecclestone davon spricht, dass in zehn Jahren die Welt nur mehr nach China blicken wird, weil dieses Land so prosperiert, ist neben dieser sportiven und taktischen Hintergrundüberlegung des Formel-1-Meisters auch eine effektive ökonomische Substanz erkennbar.

Bedenkt man, dass Europa bis 2050 der einzige Wirtschaftsraum weltweit sein wird, der eine rückläufige Bevölkerungsentwicklung hat, nämlich ein Minus von ca. 100 Millionen Menschen, dann lässt dies erahnen, wie insbesondere die internationalen Konzerne mit dem Trend zur Rohstoffverknappung und der Verteilung der Ressourcen umgehen werden.

Die Rohstoffverfügbarkeit wird primär in den prosperierenden Märkten mit zweistelligen Wachstumsraten pro Jahr gebündelt werden. Good old Europe wird erst in zweiter oder dritter Linie nach den USA mit knappen Rohstoffen bedient werden. Der Finanzmarkt wird diese Entwicklung zusätzlich fördern, da durch das Forcieren der asiatischen Märkte die Profits der internationalen Konzerne an den Börsen positiv unterstützt werden.

Die Lehre aus diesem Paradoxontrend ist die, dass die Unternehmen spätestens ab 2010 dem Einkauf und dem Beschaffungsmarketing eine firmenintern strategisch wichtige Bedeutung zuschreiben sollten. Andernfalls würde der Trend schlagend werden, dass trotz voller Auftragsbücher Umsätze und Profits ausbleiben, weil die Produkte aufgrund fehlender Rohstoffe nicht hergestellt werden können.

Ein Lösungsansatz, um aus diesem Engpassmarketing erfolgreich zu entkommen, ist, die Forschung und Entwicklung wie auch die Produktion bereits jetzt darauf zu fokussieren, Substitutionsmaterialien zu entwickeln. Eine weitere Alternative stellt der Trend zum physischen Immaterialismus dar.

Zukunftsthese 3
Der Wettstreit der Wirtschaftsräume ASIA/Pacific versus EU versus NAFTA

In den 70er- und 80er-Jahren war in Europa noch die wirtschaftliche Denke vom alten Paradigma bestimmt, dass der Wettbewerb zwischen den Staaten ausgetragen werden soll. Deutschland kämpfte um Marktanteile gegen Frankreich, Holland gegen Deutschland etc. Heute zeigt sich, dass der Wettbewerb im 21. Jahrhundert mehrheitlich zwischen den drei Wirtschaftsräumen ASIA/Pacific, EU und NAFTA – also USA mit Kanada und Mexiko – bestritten wird. Diese drei Wirtschaftsräume erzielen je 25 % des Weltsozialproduktes. Afrika, Australien und das restliche Südamerika erwirtschaften die restlichen 25 % des Weltsozialproduktes. Dadurch, dass letztere nicht in einem gemeinsamen Wirtschaftsraum organisiert sind, werden sie zukünftig zu den Marktanteilsverlierern zählen.

Der große Gewinner wird der Wirtschaftsraum ASIA/Pacific sein. Nicht nur wegen der boomenden Nachfrage und der steigenden Bevölkerungsanzahl, sondern auch wegen der Zuversicht der vorwiegend jungen Bevölkerung, die sich durch eine enorm hohe Schaffungskraft und Leistungsmotivation auszeichnet. Des Weiteren stellt er extrem billige Arbeitskräfte, die eine hohe Produktivität schaffen.

Romano Prodi stellte im Oktober 2004 fest, dass die EU mit dem Ziel, 2010 zum größten und stärksten Wirtschaftsraum weltweit aufzusteigen, scheitern wird. Enorm wichtige und auch absehbare dysfunktionale Wirtschaftsfaktoren hängen wie schwere Bremsklötze an der derzeitigen EU-Politik. Ein wesentlicher Hinderungsgrund ist das zu rasante EU-Mitgliedsstaatenwachstum, das politisch wie auch ökonomisch schlecht bis gar nicht vorbereitet wurde.

Ein Hauptproblem sind unter anderem die enormen Lohnunterschiede. Der Lohn eines polnischen Arbeitnehmers beispielsweise betrug 2004 nur 15 % dessen, was ein deutscher Arbeitnehmer verdiente. Diese Lohndiskrepanzen führen dazu, dass immer mehr Konzerne mit ihrer Produktion in die neuen osteuropäischen Mitgliedsländer abwandern bei gleichzeitiger Schließung der Werke im Westen.

Das heißt, eine Mehrwertproduktionsstrategie bleibt aus. Es kommt lediglich zu einer Verlagerung der Fabriksstandorte. Das Abstruse daran ist, dass diese Fabriksverlagerungen durch Förderungsgelder der Europäischen Union – und hier vorwiegend durch Nettozahler wie Deutschland und Österreich – finanziert werden, die wiederum durch die Abwanderung der Produktionsstandorte geschwächt bzw. finanziell ausgehöhlt werden. Oder anders gesagt: Die wesentlichen Leistungserbringer der EU bezahlen mit ihren eigenen Förderungsgeldern die Abwanderung wichtiger volkswirtschaftlicher Infrastrukturen in den Osten, ohne dass ein tatsächlicher Mehrwert entsteht.

Dieses Paradoxon wird sich bis 2010 weiter fortsetzen. Danach wird es einen Turnaround geben, zumal sich die westliche Bevölkerung aufgrund der klaren Erkenntnisse diese Entwickung nicht mehr länger bieten lassen will bzw. wird. Das heißt, die großen Leistungssäulen innerhalb der EU – allen voran Deutschland, Frankreich, Holland, Österreich und Norditalien – werden sich wieder verstärkt auf ihre Bevölkerung fokussieren und Rahmenbedingungen gestalten, die einen neuen Regelmechanismus generieren, wo die Tüchtigen und Leistungswilligen sowohl in West als auch in Ost bevorzugt, zumindest aber gleichgestellt werden. Andernfalls wird es eine EU der zwei Geschwindigkeiten geben.

Des Weiteren wurde gänzlich unterschätzt, dass neben den interkulturellen Unterschieden, die sich insbesondere auch in der Leistungsmotivation und in der Einstellung zur Arbeit und Produktivität widerspiegeln, auch die sprachliche Vielfalt innerhalb der EU ein massives Hemmnis für eine wirtschaftliche Prosperität darstellt.

Der ehemalige deutsche Bundeskanzler Helmut Kohl war der einzige Politiker, der den Mut hatte, darauf hinzuweisen, dass die EU eine gemeinsame Sprache haben müsste und diese müsste objektiverweise Deutsch sein. 120 Mio. EU-Bürger, die noch dazu die höchste Produktivität innerhalb der EU erwirtschaften, sprechen deutsch.

Fakt ist, dass ein gemeinsamer Wirtschaftsraum eine gemeinsame Sprache braucht. Hier sind die USA und China den Europäern signifikant überlegen.

Im Jahr 2010 wird das Ranking der Wirtschaftsräume heißen: Platz 1 ASIA/Pacific, Platz 2 NAFTA, Platz 3 EU, Platz 4 Rest der Welt.

Je stärker und einflussreicher der Wirtschaftsraum, umso höher ist die Wahrscheinlichkeit, im Wettkampf um die immer knapper werdenden Rohstoffe und Ressourcen international erfolgreich zu sein. Falls die EU die Vollmitgliedschaft der Türkei nicht genehmigt, was zu hoffen ist, und aus den Vergangenheitsfehlern lernt, kann die Europäische Union 2015 durchaus im Ranking der Wirtschaftsräume von Platz 3 auf Platz 2 vorstoßen und die NAFTA überholen. Voraussetzungen dafür sind neben der Lernfähigkeit und Bereitschaft aus der Vergangenheit Schlüsse zu ziehen, eine offensive Exportstrategie und ein signifikant steigender privater Konsum innerhalb der EU.

Augen auf! Die Summe aller guten Taten macht den Unterschied.

Bundespräsident Dr. Horst Köhler, Berlin

Zukunftsthese 4
Der EU-Wirtschaftsmotor lebt von Export und privatem Konsum

Deutschland als wichtigster Markt der EU hat derzeit einen einzigen Wirtschaftsmotor, den Export. Die Binnenmarktnachfrage stagniert bzw. zeigt seit Jahren rückläufige Tendenzen. Spätestens ab 2006 wird man sich aus wirtschaftspolitischen Überlegungen darauf neu besinnen, dass der mit Abstand wichtigste Wirtschaftsmotor einer Volkswirtschaft der private Konsum ist. Diese Erkenntnis ist nicht neu, wurde aber in den letzten Jahren sträflich vernachlässigt. Das Bruttoinlandsprodukt, das die Leistungskraft einer Volkswirtschaft in Ziffern und Strukturen definiert, heißt:

$$\mathbf{BIP = I_{Ö} + I_{P} + K_{Ö} + K_{P} + EXP - IMP}$$

Legende

$I_{Ö}$ . . . . . . Investitionen der öffentlichen Hand
I_{P} . . . . . . Investitionen der Privaten
$K_{Ö}$ . . . . . Konsum der öffentlichen Hand
K_{P} . . . . . Konsum der Privaten
EXP . . . . Exporte
IMP . . . . Importe

Fakt ist, dass in Deutschland wie auch in Österreich der private Konsum mit 56 % den größten Anteil des BIP erzielt. In den USA sind es 66 %.

Die Sparpakete der späten 90er-Jahre, das nahezu sträfliche Vernachlässigen der Schaffung eines psychologischen Feelgood-Faktors in unserer Gesellschaft sowie laufende negative Diskussionen zu Themenkreisen, wie unsichere Pensionen oder das nicht finanzierbare Gesundheitssystem, haben in breiten Schichten der Bevölkerung Vorsicht, Depression und den Eindruck entstehen lassen, dass die wirtschaftliche Entwicklung zukünftig nur düster sein könne. Eine fehlende Zuversicht, eine nicht vorhandene Planungssicherheit sowie eine kontinuierlich negative Konditionierung prägen die Stimmung der Bevölkerung insbesondere in Deutschland. Hinzu kommt, dass die 1.500 Mrd. Euro, die in den letzten 15 Jahren seit der Wiedervereinigung von Westdeutschland in die neuen Bundesländer investiert wurden, zum Teil wenig Wirkung zeigen. Auch die solidarische Hilfsbereitschaft hat seinen Limes erreicht.

Eine logische Verhaltenskonsequenz der meisten Verbraucher in Deutschland war, dass die Sparquote kontinuierlich stieg und im Jahr 2004 einen Rekordwert von 11 % erreichte. Dies ist mit Abstand die höchste Sparquote, die seit 1945 in Deutschland zu verzeichnen war. Das Motto dazu heißt: Lieber sparen als konsumieren.

Dass solch eine Lebenseinstellung in einer Gesellschaft kontraproduktiv für wirtschaftliches Wachstum ist, ist weit reichend bekannt und leicht nachvollziehbar. Trotz alledem ist bis heute kaum ein ernst zu nehmender Versuch unternommen worden, den so wichtigen psychologischen Feelgood-Faktor und die damit verbundenen Zuversichtsperspektiven zu pflegen.

Ab 2005 wird diese Notwendigkeit von der Politik „neu entdeckt" und mit einer positiv orientierten und offensiven Informationspolitik unterstützt werden. Vorbild dazu sind primär die USA. Dort versucht jeder Präsident ein positives und zuversichtliches Klima bei den privaten Konsumenten zu generieren, um die 66 % Wertschöpfung des BIP bei Laune zu halten. Der deutsche Bundespräsident Horst Köhler hat unter anderem in seiner Rede in Erfurt zur 15-jährigen Wiedervereinigung gerade diesen Punkt besonders betont. Zum einen wurde von ihm der Hinweis gegeben, dass zwischen Ost und West auch in

Zukunft Unterschiedlichkeiten vorhanden sein werden, beispielsweise im Einkommen und in der Produktivität, aber dass gerade Unterschiedlichkeiten eine neue Vielfalt schaffen und diese Vielfalt die Basis für kreatives Wachstum darstellt. Zum anderen waren seine Schlussworte in diesem Zusammenhang, dass die deutsche Gesellschaft durchaus viele Gründe hat, fröhlich zu sein und die zukünftigen Herausforderungen mit einer positiven Einstellung zu gestalten. An diesem Beispiel ist erkennbar, dass ein erster Turnaround von einer negativen, selbsterfüllenden Prophezeihung hin zu einer positiven Einstellung erfolgt.

Im Exportbereich wird Europa durch Hightech und mit Produkten aus zukunftsorientierten Branchen Marktanteile gewinnen können. Wobei 2004 Deutschlands Exportquote bei 78 % innerhalb der EU lag und bei 22 % außerhalb der Europäischen Union. In den nächsten Jahren wird der EU-interne Exportwert sowohl in Österreich als auch in Deutschland aufgrund der EU-Osterweiterung und der kommenden Beitritte von Rumänien und Bulgarien weiter steigen.

Fakt ist, wenn die beiden Wirtschaftsmotoren Export und insbesondere der private Konsum wieder an Fahrt gewinnen, ist ein Wirtschaftswachstum ab 2005 von über 2 % absolut realistisch. Dies würde auch positiv zum Abbau der Arbeitslosigkeit beitragen, da ein Wirtschaftswachstum, das über 2 % liegt, neue Arbeitsplätze generiert.

Zukunftsthese 5
Die Ökologie wird zum größten Arbeitsplatz-generator der Zukunft

Die Prognose des Instituts für Marketing und Trendanalysen zeigt auf, dass pro Jahr durch den Klimawandel einschließlich Unwetterkatastrophen wie Überschwemmungen, tropische Hitzespitzen und Dürren etc. im Durchschnitt ein Prozent des Bruttoinlandsproduktes vernichtet werden. Dies entspricht in Deutschland einem absoluten Wert von rund 30 Mrd. Euro pro Jahr, in Österreich von ca. 2,3 Mrd. Euro. So schmerzlich diese Entwicklung für die Betroffenen auch ist, ist die Notwendigkeit gegeben, die entstandenen Schäden meist sehr kurzfristig zu reparieren und daher neue Anschaffungen getätigt werden müssen, um das normale Leben sicherstellen zu können. Allein in Florida haben die vier Wirbelstürme im Jahr 2004 Vermögenswerte von 24 Mrd. Dollar vernichtet. Die Ökologie wird zukünftig über Jahrzehnte eine nachhaltige Wachstumsfeder für die Wirtschaft darstellen.

Die Gestalter und Gestalterinnen des 21. Jahrhunderts werden aktive Chancenmanager bzw. Chancenmanagerinnen sein, die durch eine Balance zwischen hoher fachlicher und hoher sozialer Kompetenz charakterisiert sind und die Mitarbeiter(innen) als das eigentliche Kapital eines Unternehmens betrachten.

Bundespräsident Dr. Heinz Fischer, Wien

Nachfolgend dazu finden Sie einen Vergleich inklusive Prognose der Münchener Rückversicherung zu den Unwetterschäden, die weltweit zu verzeichnen waren bzw. zu erwarten sein werden.

Naturkatastrophen von 1960 bis 2009

Schäden in Mrd. US-$ (in Werten von 2003)

Dekade	1960–1969	1970–1979	1980–1989	1990–1999	2000–2009 Prognose IMT
Anzahl	27	47	63	91	140
Volkswirtschaftl. Schäden*	76,7	140,6	217,3	670,4	1.025,0
Versicherte Schäden*	6,2	13,1	27,4	126,0	205,0

Quelle: Münchener Rück Topics geo 2003

Fakt ist, dass bereits in der Vergangenheit eine signifikante Steigerung der Unwetterschäden zu beobachten war, und dass die Zunahme der Schäden, die zukünftig zu erwarten sein werden, weit über eine lineare Entwicklung hinausläuft.

Die Gegenreaktion dazu von der Wirtschaft und der Gesellschaft wird der Einsatz neuer Umwelttechnologien sein, die etwa den Trend zur Erderwärmung oder den CO_2-Ausstoß abfedern. In 30 Jahren möchte beispielsweise Deutschland laut rot-grüner Regierung 50 % seines Energiebedarfs mit erneuerbaren Energien decken. Bereits heute werden 10 % des Gesamtenergiebedarfs in Deutschland von erneuerbaren Energien erfüllt.

In Kalifornien wird beispielsweise 2006 nur dann ein herkömmliches Benzin- oder Dieselauto zugelassen werden, wenn jeder zweite Pkw zumindest mit Batterie- oder Hybridmotor ausgestattet und angemeldet wird. Kalifornien als bevölkerungsreichster Staat der USA mit rund 33 Mio. Menschen leidet insbesondere unter dem stetig ansteigenden Meeresspiegel. Falls die Entwicklung so weitergeht, sind rund 15 % des Festlandes von Kalifornien durch den Meeresspiegelanstieg akut bedroht.

Europa hat mit seinen exzellent ausgebildeten Technikern ein enormes Betätigungsfeld im Rahmen der Ökologietechnologien. Bereits heute ist Deutschland die Nummer 1 bei Windradenergieanlagen und auch in diesem Zusammenhang Exportweltmeister. Neue Herausforderungen schaffen neue Marktchancen. Die Ökologie wird uns in Zukunft mit neuen Anforderungen überraschen.

Zukunftsthese 6
Die EU im Spannungsfeld der neuen Völkerwanderungszeit

Im Jahr 2035 werden rund 35 % der französischen Staatsbürger afrikanischer Herkunft sein. Die Zuwanderung erfolgt primär über den Meeresweg. Auch in Spanien und Portugal, Süditalien und Griechenland ist eine enorme Zuwanderungstendenz aus Afrika hauptsächlich auf illegaler Basis zu beobachten.

Die Bestrebungen des deutschen Innenministers Otto Schily, in Nordafrika Auffangplätze für Asylsuchende bzw. Einwanderungswillige zu schaffen, um deren Berechtigung zur Übersiedlung nach Europa in Ruhe überprüfen zu können, sind aus diesem Hintergrund leicht nachvollziehbar.

Im Osten stellt insbesondere die Grenze Polens zu Russland eine enorme Herausforderung für den Grenzschutz dar, zumal den Schlepperbanden vorwiegend von der russischen Mafia 2004 ein „Umsatz von 200 Mrd. Euro" zur Verfügung steht, sie mit den besten Nachtsichtgeräten und sonstigen technischen Equipments ausgestattet sind und auch das Schmiergeld für korruptanfällige Grenzschutzbeamte chash zur Verfügung steht.

Neben diesen illegalen Einwanderungsströmen, die in den nächsten zehn Jahren zu einem brisanten politischen und gesellschaftlichen Thema werden, insbesondere auch deshalb, weil damit unweigerlich eine boomende Kriminalitätsentwicklung verbunden ist, werden zusätzlich legale Ein- und Zuwanderungsströme zu verzeichnen sein, die alles bisher Bekannte in den Schatten stellen werden.

- So werden im Jahr 2010 beispielsweise 40 % der Bevölkerung der neuen Bundesländer nach Westdeutschland abgewandert sein.
- Trotz dieser Abwanderungssignifikanz wird Deutschland 2010 erstmals seit 1945 rund 93 Mio. Menschen beheimaten. Dieses Wachstum kommt aus der mehrheitlich legalen Zuwanderung aus den neuen EU-Ostbeitrittsstaaten, insbesondere aus Polen, Tschechien und der Slowakei.
- Die frei werdenden Wohnkapazitäten in Polen, in Tschechien und der Slowakei werden durch legale und illegale Einwanderer aus Russland und der Ukraine etc. sukzessive aufgefüllt werden.
- Frankreich wird 2010 bereits 15 % der Bevölkerung durch Afrikaner repräsentieren.
- Österreich wird erstmals seit 1945 durch die Zuwanderung aus dem Osten über 9 Mio. Menschen im Jahr 2010 beheimaten.

Ökonomisch bedeutet das, dass durch diese stark anwachsenden Bevölkerungszahlen, verursacht durch die neue Völkerwanderungszeit, ein neues Wirtschaftswachstum in diesen Regionen Europas generiert wird.

Positiv ist auch anzumerken, dass die Europäische Union insbesondere von Menschen aus dem Osten wie auch aus Afrika als hoch attraktiv empfunden wird. Die Begehrlichkeit, in diesem Wirtschaftsraum leben zu dürfen, wächst signifikant an und stellt die Politik und die Öffentlichkeit innerhalb der EU vor sehr große Herausforderungen.

Zukunftsthese 7
Der Trend zur schmerzlichen Lohnangleichung zwischen West und Ost

Einen Arbeitsplatz zu haben, der relativ sicher und attraktiv ist, wird eines der begehrtesten Ziele der Menschen bis 2015 sein. Die Arbeitnehmer im Westen sind zunehmend bereit, im internationalen Wettkampf um Arbeitsplätze in ihrem Job auch längere Arbeitszeiten ohne Lohnausgleich und Gehaltskürzungen in Kauf zu nehmen. Rund 70 % der deutschen und österreichischen Arbeitnehmer sind bereits heute der Auffassung: Lieber unentgeltliche Mehrarbeit zu erbringen und Lohneinbußen in Kauf zu nehmen, als seinen Arbeitsplatz zu verlieren!

Nachdem das Lohngefälle zwischen West und Ost 2004 noch enorm ist – so verdient ein polnischer Arbeiter oder Apotheker nur 15 % dessen, was sein Kollege in Deutschland erhält –, wird es zu einem Lohnangleichungsprozess kommen, der insbesondere im Westen zum Teil schmerzhaft sein wird.

Im Sinne der kommunizierenden Gefäße werden insbesondere die Politik und die Gewerkschaften auf einen überproportional hohen Lohnanstieg im Osten drängen bei gleichzeitiger Enthaltsamkeit im Westen. Die nachfolgende Grafik soll dies verdeutlichen.

Der Lohnangleichungsprozess zwischen West und Ost bis 2015

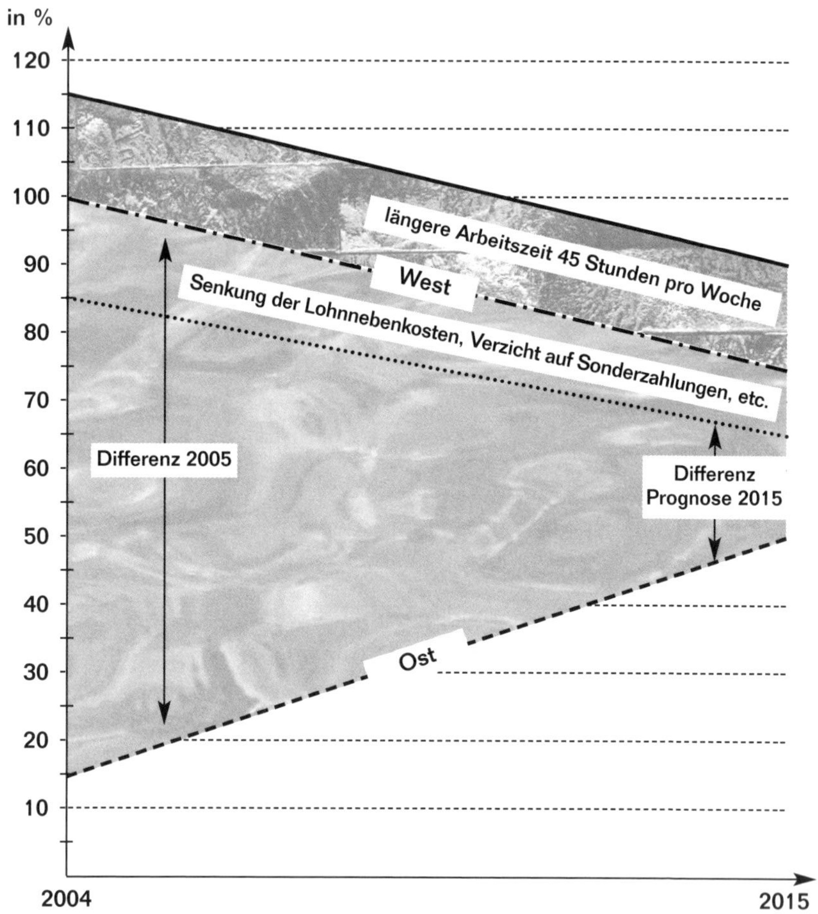

Faktum ist, dass im Westen, insbesondere in Deutschland, die Produktivität eines Arbeitnehmers durch die Arbeitszeitverlängerung ohne Lohnausgleich um etwa 15 % bis 2015 steigen wird. Eine Wochenarbeitszeit von ca. 45 Stunden wird zukünftig üblich sein. Gleichzeitig werden die Lohnkosten inklusive Lohnnebenkosten um 20 bis 25 % gesenkt. Parallel dazu werden bis 2015 im Osten die Löhne durch Lohnzuwachs, Steigerung der Lohnnebenkosten, Zahlung von Leistungsprämien etc. im Jahr 2015 rund 55 % des westlichen Lohnniveaus vom Stand 2004 erreicht haben.

Daher wird zu diesem Zeitpunkt der effektive Lohnunterschied zwischen West und Ost nur mehr 25 bis 35 % betragen. Ab dann wird eine balancierte Einkommensstruktur zwischen Ost und West, die ökonomisch auch nachvollziehbar ist, im Wesentlichen vorliegen. Die Konsequenz wird sein, dass sowohl der Westen als auch der Osten als Produktionsstandort wiederum einem fairen Wettbewerb zugeführt werden können. Der Westen wird ab 2015 an Attraktivität wieder gewinnen.

Zukunftsthese 8
Sinkende Arbeitslosenzahlen in Deutschland ab 2006

Durch die Hartz-IV-Regelung, die ab 1. 1. 2005 in Deutschland in Kraft tritt und ab 1. 1. 2006 für Langzeitarbeitslose massiv spürbar wird, steht eine zusätzliche Revolution des Arbeitsmarktes unmittelbar bevor, die zu einem signifikanten Rückgang der Arbeitslosigkeit in Deutschland von 4,5 Mio. Menschen, Stand 2004, auf ca. 3 bis 3,5 Mio. Menschen im Jahr 2006/2007 führen wird. Die Ursache dafür ist der enorme finanzielle Druck, der durch Hartz IV auf den Einzelnen ausgeübt wird. Nachdem die finanzielle Grundversorgung monatlich bei einem Langzeitarbeitslosen rund 320,– Euro betragen wird und bei Nichtannahme eines vermittelbaren Jobs dieser zu so genannten Ein-Euro- bzw. Zwei-Euro-Jobs verpflichtet werden kann, liegt das Nettoeinkommen eines Arbeitslosen monatlich bei rund 490,– Euro. Die Ein-Euro-Jobs werden zB Reinigungsarbeiten in Parks bzw. auf Straßen sein oder aber auch Service- und Dienstleistungsarbeiten in der Altenpflege umfassen. Die Kommunen und Länder können auf diesem Wege Arbeitskräfte günstigst zukaufen, die ein neues Aufgabenpotenzial eröffnen, die aber nicht zur Konkurrenz zu den bestehenden Jobs werden dürfen.

Um dieser sehr schmerzlichen Entwicklung zu entkommen, werden rund 1 bis 1,5 Mio. Arbeitslose in Deutschland freiwillig in den aktiven Arbeitsprozess eintreten. Folgende Modelle dazu werden sich in der Praxis zeigen:

- Annahme von Teilzeitjobs nach dem Motto: Lieber zwei oder drei Teilzeitjobs als arbeitslos.
- Ausführung von Zeit- und Saisonarbeiten, die bisher nur oder hauptsächlich von Ausländern durchgeführt wurden. Ein repräsen-

tatives Beispiel dazu ist die Saisonarbeit beim Spargelstechen. Zu einem Stundenlohn von 5,50 Euro war 2004 kaum ein deutscher Arbeitsloser/Arbeitnehmer bereit, seine Dienstleistung zur Verfügung zu stellen. Zeitarbeiter aus dem Osten mussten aufgenommen werden. Hier wird es einen signifikanten Turnaround geben. Anstatt als deutscher Bundesbürger arbeitslos zu sein, wird man solche Jobs annehmen.

- Fakt ist, dass durch die neue Arbeitsmarktreform hundertausende von deutschen Bundesbürgern zuerst einmal in ein schwarzes Loch fallen werden. Erfahrungen und Erkenntnisse aus den USA zeigen jedoch, dass sich sehr viele Menschen nach wenigen Monaten von diesem seelischen Tief erholen und ihr Leben aktiv gestalten. Flexibilität und Kreativität sowie eine hohe Leistungsbereitschaft zeichnen diese Zielgruppe verstärkt aus.

Hände kann man kaufen, Herzen müssen gewonnen werden.
Marco Baumann, Unternehmensleiter Rausch AG, Kreuzlingen/Schweiz

Ein Beispiel dazu aus den USA

Der Leiter einer Forschungs- und Entwicklungsabteilung eines großen Konzerns wurde im Alter von 50 Jahren arbeitslos, da das Unternehmen in Konkurs ging. Nachdem er trotz größtem Bemühens keinen Job fand, der seiner Ausbildung entsprach, entschied er sich, auf einem Golfplatz gegen geringe Entlohnung Golfbälle für die Gäste aufzusammeln. Nach sechs Monaten traf er einen Unternehmer, dem er wie vielen anderen auch seine Golfbälle aufgesammelt hatte, und erzählte ihm von seinem beruflichen Schicksal. Der Unternehmer bot dem Doktor der Physik und früheren F&E-Leiter einen Job in seiner

Firma an. Ein Jahr später war er Leiter der Forschungs- und Entwicklungsabteilung in diesem Unternehmen.

Solch flexibles Verhaltensmuster bei Arbeitslosen in Deutschland, auch im akademischen Bereich, wo ja bekanntlich die Arbeitslosigkeit signifikant ansteigt, wäre derzeit kaum denkbar. In Österreich zeigt sich bereits jetzt, dass man noch nie so gebildete Babysitter, nämlich Akademiker, zu günstigen Preisen als Dienstleister zukaufen konnte oder Taxifahrer mit abgeschlossenem Studium. Ziel muss es auch in Zukunft sein, die Menschen ihrer Ausbildung adäquat im Arbeitsmarkt einsetzen zu können. Da dies aber nicht immer der Fall sein kann, werden flexible Modelle als Interimslösungen notwendig sein.

Die Menschen werden in Zukunft auch bereit sein, ihre Arbeitszeit zu Lasten ihrer Freizeit auszudehnen, wobei die Arbeit in vier Kategorien unterteilt werden kann:

1. Die Berufsarbeit bzw. bezahlte Arbeit in Produktions- und Dienstleistungsbetrieben
2. Freiwillige Tätigkeiten wie Familienarbeit (Haushalt, Kindererziehung, Altenpflege etc.) und Gesellschaftsarbeit (Nachbarschaftshilfe und Gemeindearbeit)
3. Fort- und Weiterbildung, beruflich wie auch privat
4. Hobbyarbeiten (Gartenarbeit, Do-it-yourself, Eigenleistungen)

Mit Ausnahme der Hobbyarbeiten werden die ersten drei genannten Arbeitstätigkeiten im nächsten Jahrzehnt größere Zeitbudgets von den Bürgern zugesprochen bekommen. Hobbyarbeiten werden nur dann an Bedeutung gewinnen, wenn sie der Gesundheit dienen, wie zB die Gartenarbeit.

Im Bereich der sozialen Beziehungen gibt es eine neue Besinnung auf die Familie als Quelle der Existenzsicherung und Verwurzelung.

Der Trend, dass Freunde mit Handschlagqualität weiter an Bedeutung gewinnen werden, setzt sich fort.

Zukunftsthese 9
Boomende Kriminalität & Terrorakte werden fixer Bestandteil unseres Lebens

So traurig und erschütternd es klingt, unsere Gesellschaft wird sich in den nächsten Jahrzehnten gegen eine boomende Kriminalität, insbesondere aus dem Osten, und abscheuliche Terrorakte, hauptsächlich aus der islamistischen Welt, zur Wehr setzen müssen. Dabei werden die Menschen in Europa auch bereit sein, in die öffentliche und private Sicherheit in einem Ausmaß zu investieren, das alles Bisherige weit übertrifft.

- So zB werden neue Sicherheitssysteme installiert, die Informationen auf persönlichster Ebene zugänglich machen, um präventiv Anschläge zu verhindern. Das Motto dazu heißt: „Sicherheit ist wichtiger als persönlicher Datenschutz."
- Zusätzliche Budgets werden für die persönliche und öffentliche Sicherheit freigemacht werden. Im privaten Konsum werden neben dem Gesundheits- und Wellnessbereich die Sicherheitsausgaben boomen.
- Die Einbruchs- und Diebstahlkriminalität wird in Deutschland und Österreich jährlich um 10 bis 20 % wachsen. Neue Sicherheitsprodukte und Dienstleistungen werden am Markt angeboten werden.
- Auf die neuen Gefahren wie dirty bombs, biochemische Angriffe und anderes mehr ist die Zivilbevölkerung und auch der Zivil-

schutz kaum bzw. überhaupt nicht vorbereitet. Spätestens nach dem ersten großen Terroranschlag werden hier große Investitionen und Budgets frei gemacht, um auf solche Entwicklungen in Zukunft besser vorbereitet zu sein.

- Die Reisebranche, die ihre Destinationen zum Teil nur per Flugzeug anbieten kann, wird bis 2015 krisengefährdet bleiben.
- Der Wunsch der Europäer nach gefahrlosen Freizeitgenuss wächst weiter. Die Konsequenz in den Investitions- und Konsumverhaltensmustern wird sein, die Urlaubsoase zuhause errichten zu wollen bzw. mit relativ ungefährdeten Verkehrsmitteln möglichst sicher alle Urlaubsdestinationen erreichen zu können.
- Gleichzeitig beginnt die Gesellschaft eine Angstresistenz aufzubauen, die insbesondere Terroranschläge ab dem Jahr 2010 als Restrisiko interpretiert und wird sich trotz dieser abscheulichen Verbrecherakte ihre Lebensfreude und ihren Genuss nicht zerstören bzw. eindämmen lassen.

So wie im Jahr 2004 das Handy als alltägliches Produkt in unseren Lebensstil aufgenommen wurde, wird in Zukunft unsere Gesellschaft vielfältige und professionelle Sicherheitsprodukte und Dienstleistungen im Alltag nicht nur zulassen, sondern auch wünschen. Die Wirtschaft wird sich auf diese boomende Nachfrage mit neuen Angebotsformen einstellen.

DER BLAUE ENGEL
JURY UMWELTZEICHEN
Wir geben Energie für´s Leben!
KWB
josefundmaria
KWB
Biomasseheizungen
KWB – Kraft und Wärme aus Biomasse GmbH A-8321 St. Margarethen/Raab
Industriestraße 235, Tel. +43 (0) 3115 6116-0 office@kwb.at www.kwb.at

Zukunftsthese 10
Bahnbrechende Innovationen schaffen eine euphorische Aufbruchstimmung

Um 2010 wird ein positiver und einzigartiger Big Bang unsere Wirtschaft und Gesellschaft in Europa erfassen. Serienreife Hightech-Innovationen werden uns Glauben machen, dass viele Probleme, mit denen wir in den letzten Jahrzehnten zu kämpfen hatten, nunmehr gelöst werden können.

- So wird zB die Abhängigkeit von Erdöl als wichtigster Energieträger zu Ende gehen. Die serienreife Wasserstoff- und Brennstoffzellentechnologie sowohl im Verkehr als auch im stationären Bereich wird von der Industrie aufgrund des öffentlichen Drucks am Markt offensiver und rascher eingeführt werden als ursprünglich geplant. Dieser Systemwandel bzw. -wechsel wird dem Trend vom dirty traffic zum clean traffic zum Durchbruch verhelfen.
- Mithilfe dieser bahnbrechenden Technologie wird es Investitionen und zusätzliche Arbeitsplatzimpulse geben, die unsere Gesellschaft an die Wiederaufbauzeit nach 1945 erinnern lassen.
- Hoffnung ist auch damit verbunden, dass die immer schlimmer werdenden Unwetterkatastrophen durch die neuen Technologien, die auf Nachhaltigkeit setzen, einen echten Lösungsansatz bieten.
- Der immer professioneller werdende und agierende Hightech-Sicherheitsapparat inklusive Dienstleistungen nimmt den Terroristen und deren Anschlägen ab 2010 zunehmend den Schrecken.
- Durch biotechnologische Innovationen und neue mikrochirurgische Technologien werden derzeit zum Teil unheilbare bzw. schwere Krankheiten heilbar. Viele Krebsarten, aber auch Aids

sowie Herz-Kreislauf-Erkrankungen werden medizinisch besiegbar bzw. eindämmbar.

- Die ersten Erfolge der Nanotechnologie geben den Menschen zusätzlich die Hoffnung auf einen additiven Quantensprung im Machbaren und in der zukünftigen Entwicklung.
- Die Fähigkeit, immer mehr Produkte durch Lichtprojektionen von Material- und Rohstoffeinsatz unabhängig zu machen und so dem Trend zur Rohstoffverknappung zu entkommen, wird die Zuversicht in unserer Gesellschaft weiter steigen lassen. Der Trend zum Immaterialismus wird diese Entwicklung zusätzlich beflügeln.
- Die 60-Plus-Generation wird erkennen, dass aufgrund der Prosperität der Wirtschaft ihre Pensionen wie auch das Gesundheitssystem finanzierbar sind und bleiben. Daher wird auch diese gesellschaftliche Zielgruppe, die ein hohes Maß an Freizeit hat, durch eine aktive Ausgabebereitschaft im privaten Konsum die Wirtschaft zusätzlich stimulieren.

Um 2010 wird eine neue Dimension der Zuversicht und des Glaubens an den Hightech-Fortschritt entstehen, die sich von dem bisher Bekannten klar unterscheidet. Im Vergleich zum neuen Medienboom werden die bahnbrechenden Innovationen vom Jahr 2010 essenziell sein und ein ökonomisches Wachstum generieren, das eine positive Eigendynamik entwickelt, die nur mit der Aufbauphase der Nachkriegsära vergleichbar sein wird.

Die Erfolge von morgen gehören ausschließlich jenen, die heute schon die Signale der Zukunft ausreichend in ihrem Handeln berücksichtigen.

Dr. Karl Straßer, Leiter Personalausbildung in der Energie AG OÖ
Managementtrainer & Coach, Linz

Leben und Wohnen 2010/2015

Einleitung

Wie wir in Zukunft leben werden, soll insbesondere an drei Themenschwerpunkten dargestellt werden, die für sich auch in Anspruch nehmen können, dass diese frühzeitigen Entwicklungen und Trends für andere Branchen mit einem gewissen Timelag von Bedeutung sein werden.

Zum einen finden Sie am Beispiel der Ernährungstrends einen Paradigmenwechsel, der das Konsumverhalten revolutionieren wird.

Ein zweites Beispiel wird das Wohnen und Leben im Haus bzw. der Wohnung der neuen Generation sein, welche 2015 gänzlich neue Anforderungen, Ausgabenbereitschaften bzw. Lebensstile aufzeigen werden. Hier tun sich exzellente Marktchancen für innovative Unternehmungen, insbesondere auch für kleine und mittlere Betriebe auf.

Um die Ganzheitlichkeit und Nachhaltigkeit dieser Prognosen besser nachvollziehen zu können, werden im dritten Block die wesentlichen Gesellschaftstrends präsentiert.

Da die Lebensmittelbranche und das Ernährungsverhalten der Menschen eine wesentliche Trendsetterfunktion darstellen bzw. frühe Trendsignale senden, die meistens mit einer Zeitverzögerung von 10 bis 20 Jahren auf andere Branchen überschwappen und dort kopiert bzw. adaptiert werden, stellt die Präsentation der Trends im Ernährungsverhalten den ersten Teil dieser Ausführungen dar.

Ernährungstrends
Wellnessfood mit Gesundheitswert
"Best-of-taste"
Lust auf sündigen Genuss
Präventionsernährung
Speisen- & Getränkeaufsteiger
Bioprodukte gewinnen
Ablehnung von Genfood
Produktminiaturisierung
Lebensmittelsortiment der Zukunft

Der Trend zu Wellnessfood mit Gesundheitswert

Der Megatrend Wellness & Gesundheit wird im Sinne der Theorie der Kondratieffs die nächsten 30 bis 40 Jahre unser Konsumverhalten nachhaltig und massiv prägen. Lebensmittel, die mit einem Gesundheitswert kombiniert sind, werden ab 2010 für alle neuen Produkte in dieser Branche ein notwendiges Muss und einen unabdingbaren Mehrwert darstellen. Lebensmittel, die keinen „Wellness-value-added" bieten, werden aus den Regalen der Supermärkte verschwinden, da die Nachfrage dafür fehlt.

Nestlé, Europas größter Nahrungsmittelkonzern aus der Schweiz, wird ab 2010 jedes Produkt, das am Markt neu eingeführt wird, mit einem Gesundheitswert kombinieren. Diese neuen Wellnessprodukte werden fernab vom verstaubten Apothekerimage der 80er-Jahre positioniert.

Wer immer nur in die Fußstapfen der anderen tritt, kann nie einen eigenen Weg beschreiten.

Dr. Christian Wenzler, Hauptgeschäftsführer des Fachverbands Schreinerhandwerk Bayern

Spätestens ab 2010 wird es ein Teil unseres Lebensstils sein, sich mit Wellnessprodukten inklusive Gesundheitswert zu ernähren und das auch zu zeigen. Die Politik wie auch die Öffentlichkeit wird diese Entwicklung insofern gutheißen, als die immer älter werdende Gesellschaft in der Gesundheitsvorsorge mit der neuen Produktgeneration eine wesentliche Unterstützung zur Senkung der Gesundheitskosten erfährt. Diese Art von Gesundheitsprävention wird die öffentlichen Kassen in keiner Form belasten, da sie zu 100 % aus dem privaten

Konsum finanziert wird. Aus diesem Grund wird die Politik auch die restriktiven Gesetze im Vertrieb aufheben und neuen Wettbewerb fördern.

Nicht nur Wellnessprodukte werden in Zukunft im Lebensmittelmarkt erhältlich sein, sondern auch Produkte zur Selbstmedikamentation. Die Gesetzgebung wird dafür ähnlich liberalisiert, wie Ende der 90er-Jahre die strengen Zugabengesetze.

Beispiel

Zu Beginn der 90er-Jahre war es in Österreich noch verboten, ein Gewinnspiel zwingend mit einem Produktkauf zu verbinden. Die Rechtsprechung bezog sich hier auf den Sachverhalt des psychologischen Kaufzwangs. Heute ist im Handel der Verkauf eines Produktes in Verbindung mit einem Gewinnspiel erlaubt. So können beispielsweise auf Flaschenetiketten Gewinnnummern eingedruckt werden oder im Zugabenbereich kann ein Unternehmen dem Endverbraucher beim Kauf eines Radioweckers den Jahresbedarf an Frühstückskaffee gratis dazugeben. Und dies, obwohl die früheren Rechtsprechungen keinen kausalen Zuammenhang zwischen Radiowecker und Frühstückskaffee feststellen konnten und derartige Aktionen daher über Jahrzehnte verboten waren. In den nächsten Jahren wird daher in der Gesetzgebung bei Wellnessprodukten mit Gesundheitswert ein kräftiger Liberalisierungsschub kommen, damit die Konsumenten an möglichst vielen Orten und Shops diese Lebensmittel der neuen Generation kaufen können.

Der Trend zu „best-of-taste"

Trotz aller Wellness- und Gesundheitsorientierung der Menschen müssen die Lebensmittel und Getränke der neuen Generation im Geschmack überzeugend sein. Ist dies nicht der Fall, ist der Flop vorprogrammiert.

Diese Erfahrung musste auch die Marke Alpha Pan in Österreich machen. Eine auf den ersten Blick perfekte Wellnesspositionierung inklusive einem erstklassigen Werbeauftritt und einem Werbebudget, das für viele Markenartikel nur wünschenswert wäre, eine perfekte Distribution sowie eine nicht überhöhte und für die Konsumenten nachvollziehbare Preispositionierung zeichnete Alpha Pan aus. Trotzdem floppte diese Innovation, die sich als Wellnesslebensmittel am Markt präsentieren wollte, da der überzeugende Geschmack für die Zielgruppe fehlte.

Schlechter Geschmack und mangelnder Convenience haben schon in den 90er-Jahren dazu geführt, dass die „Körndl- und Keimling-Esser" von der anfangs so nachahmenswerten Trendsetter-Zielgruppe innerhalb kürzester Zeit zu einer marginalen Randgruppe abrutschten. Die lange Zubereitungsdauer – die Keimlinge mussten am Abend angesetzt werden, damit man sie am nächsten Morgen zum Frühstück zu sich nehmen konnte –, der hohe Kauaufwand und der mangelhafte Geschmack führten dazu, dass sich dieses Ernährungssegment nicht durchsetzte.

Der Trend zur Lust auf sündigen Genuss

Um vorab Missverständnisse zu vermeiden, sei in diesem Zusammenhang darauf hingewiesen, dass der Trend zur Lust auf sündigen Genuss ausschließlich das Ess- und Trinkverhalten betrifft.

Die Hauptzielgruppe dafür ist die 40-Plus-Generation. Vielschichtige Beweggründe sind die Ursache dafür, dass sich diese einkommensstarke Käuferschicht Wellnessernährungsprodukte wünscht, die die Sünden des Vortages, beispielsweise durch zu üppiges Essen oder zu reichliches Trinken verursacht, rasch reparieren. Ein Lifestyle-Motto der 40-Plus-Generation heißt hier: Wir essen und trinken zu viel – wir haben uns diese Belohnung aber verdient! Wünschenswert sind daher Produkte, die diesen sündigen Genuss rasch reparierbar machen.

Nestlé bewirbt erstmals im Jahr 2004 in Deutschland in einer Plakatwerbeaktion die neue Wellnessproduktserie unter der Dachmarke Naturel. Die Überschrift auf den Plakaten bringt die Botschaft mit der Fragestellung „Haben Sie heute schon gesundigt?“ auf den Punkt. Eine hübsche, laszive wirkende Frau mit dem Zeigefinger auf den Lippen bestätigt die befriedigte Lust auf den sündigen Genuss. Die Lösung ist einfach: der Kauf von Produkten, die von Nestlé Naturel kommen.

Erfolgreiche Werbebotschaften sind wie Diamanten: lupenrein argumentiert, kristallklar strukturiert, geschliffen formuliert, brillant präsentiert.

Dr. Karin Thron, Frau in der Wirtschaft, Wien

Diese ersten Marketingmaßnahmen werden bis 2010 sowohl von den großen Lebensmittelindustrien als auch vom Lebensmittelhandel konsequent ausgebaut werden.

Eine neue und erfreuliche Mehrwertstrategie kommt damit nicht nur auf die Apotheken und Drogerien zu, sondern insbesondere auch auf den Lebensmittelhandel. Falls die Apotheken aus ihrem Marketingtiefschlaf jedoch nicht rechtzeitig erwachen, wird vor allem der Lebensmittelhandel der große Marktanteilsgewinner im Wellnessfood-Segment werden. Der Ernährungswellnessmarkt betrug in Deutschland 2002 rund 5,2 Mrd. Euro, 2006 werden etwa 7,4 Mrd. Euro mit Wellnessfood und -drinks umgesetzt. Dieses Ernährungssegment wird bis 2015 das am stärksten wachsende sein, das die Wellnessbranche erleben wird.

Wellnessmarkt wächst

Geschätztes Marktvolumen

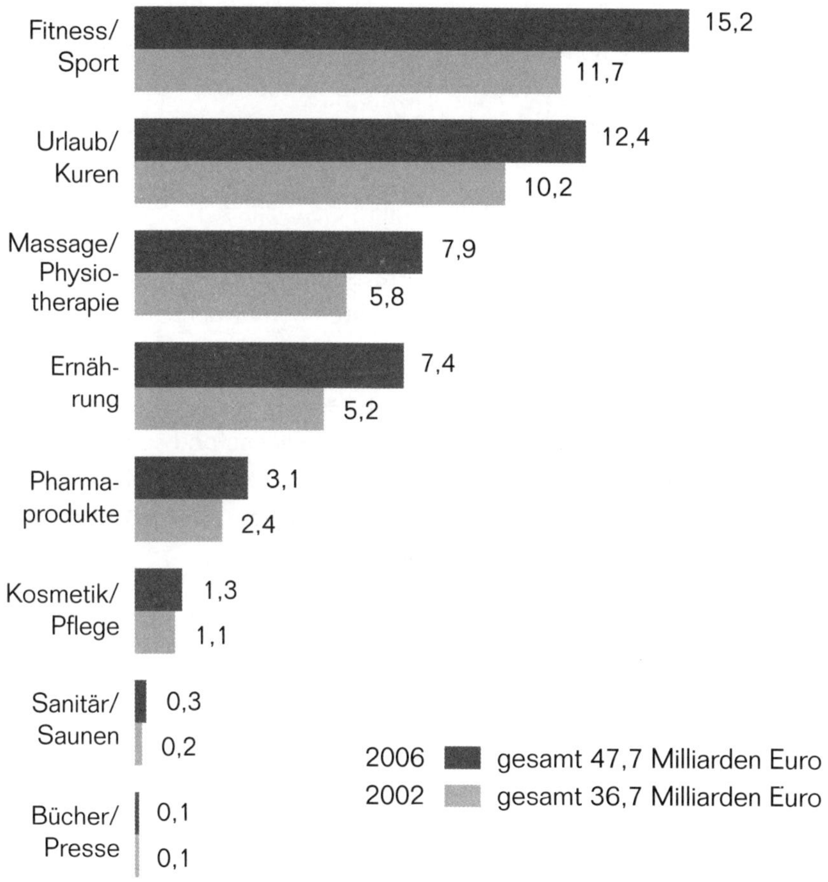

Quelle: Dri-Wefa/Trendbüro, MM 4/04

Der Trend zur Präventionsernährung

Die Ernährungsindustrie wird immer mehr Produkte mit Zusätzen entwickeln, die auf die großen Volkskrankheiten Bezug nehmen und eine präventive Gesundheitswirkung versprechen. Zusätze wie Vitamine, Spurenelemente, Kräuterextrakte sowie Rezepturen aus China bzw. Fernost etc. werden immer öfter integraler und fixer Produktbestandteil werden. Bedenkt man, dass 2006 50 % der EU-Bevölkerung Übergewicht haben werden, 59 Mio. Amerikaner bereits heute Probleme mit der Kleidergröße XXL haben, so zeichnet sich ab, welch riesiger Wellnessfoodmarkt mit Präventionsprodukten auch gegen Fettleibigkeit in den nächsten zehn Jahren heranwachsen wird.

Hinzu kommt, dass die 40-Plus-Generation mit Schwerpunkt der 60-Plus-Zielgruppe ein enormes Interesse und Kaufbedürfnis an Präventionsernährungsprodukten hat. Wellnessfood und -drinks, die Herz-Kreislauf-Erkrankungen, Krebs bzw. Krankheiten der Verdauungsorgane oder Leberzirrhose vorbeugen, werden von den Kunden verstärkt gesucht und gewünscht.

Nachfolgend dazu zwei internationale Statistiken über bedeutende Volkskrankheiten.

Herz-Kreislauf-Erkrankungen

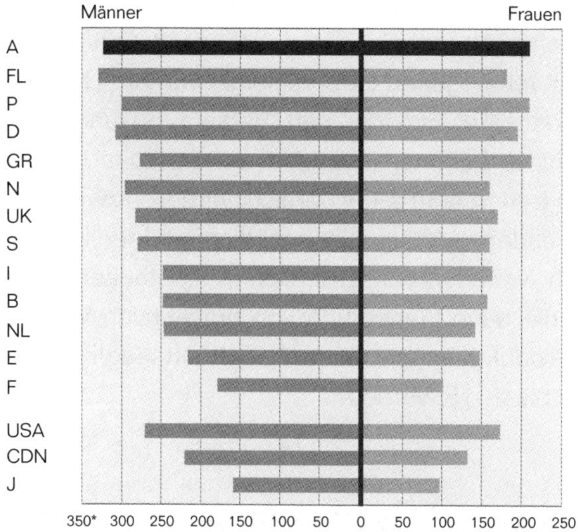

*Anzahl der Todesfälle auf 100.000 Bewohner

Verdauungskrankheiten im Magen- und Darmtrakt

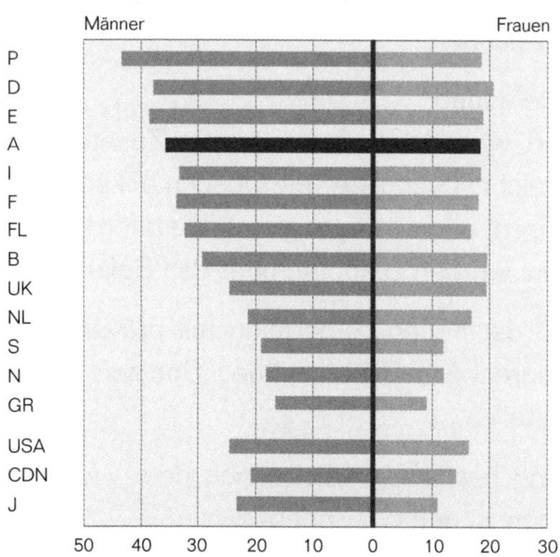

Quelle: WHO, World Health Statistics Annual 2001

Nachdem laut WHO Depressionen als eine der größten Volkskrankheiten gelten – rund 20 % der Weltbevölkerung leiden darunter –, wird es auch zukünftig Wellnessfood und -drinks mit aufhellender Wirkung geben, die präventiv gegen Depressionen wirken. Die diesbezüglich restriktive Gesetzgebung, die den Verkauf gesundheitsfördernder Produkte nicht im Lebensmittelmarkt um die Ecke erlaubt, sondern nur im Drogerie- und Apothekenbereich, wird sich zwischen 2010 und 2015 massiv ändern. Verschreibungspflichtige Medikamente werden natürlich auch weiterhin ausschließlich in Apotheken erhältlich sein, nicht jedoch die neue Generation von präventiven Wellnessprodukten. Dieses Produktsegment wird das Zukunftssegment des Lebensmittelhandels bis 2015 werden.

Die Speisen- und Getränkeaufsteiger bis 2010/2015

Im Speisen- und Getränkebereich werden sich folgende zehn favorits bis 2010/2015 abzeichnen.

1. Salat mit value added
   Der Mehrwert wird durch Zutaten bzw. Zusätze mit Gesundheitswert erreicht. Granulate, die geschmacksneutral sind und Kräuteressenzen oder andere gesundheitsfördernde Substanzen beinhalten, werden zukünftig über den Salat gestreut.
2. Wellnessfood der neuen Generation mit präventivem Gesundheitswertversprechen wird ein neues Speisen- und Getränkesegment darstellen.
3. Fingerfood und Fastfood, welche sich dem Wellnesstrend anpassen, werden zu den Gewinnern zählen.

4. Teigwaren und Pastagerichte, die Mutter aller Küchen bleibt auch in Zukunft die italienische, werden ein integraler Ernährungsbestandteil bleiben.
5. Die regionale Küche, auch mit deftigen Rezepten, entspricht der Lust auf sündigen Genuss und wird als außerordentliche Belohnung empfunden.
6. Geflügelgerichte, insbesondere Pute, aber auch Kaninchen in allen Variationen werden zu den Aufsteigern zählen.
7. Bioprodukte aller Art – sofern sie frisch bzw. sehr geschmackig zubereitet werden – werden an Bedeutung gewinnen.
8. Coolished Products, das sind die Convenience-Produkte aus dem Kühlfach, werden der traditionellen Tiefkühlware Marktanteile abnehmen.
9. Wellnessdrinks, für die das gleiche Anforderungsprofil wie für Wellnessfood gilt, werden ebenso zu den Aufsteigern zählen.
10. Stille Getränke und Trinkwasser aller Art, von Mineralwasser und Tafelquell bis zu normalem Trinkwasser, runden die Top-Ten ab.

Die aufgezeigte Entwicklung gilt nicht nur für den Verzehr von Speisen und Getränken zuhause, sondern auch für den Außerhausmarkt. Dazu zählen Besucher von Restaurants und Fastfoodlocations.

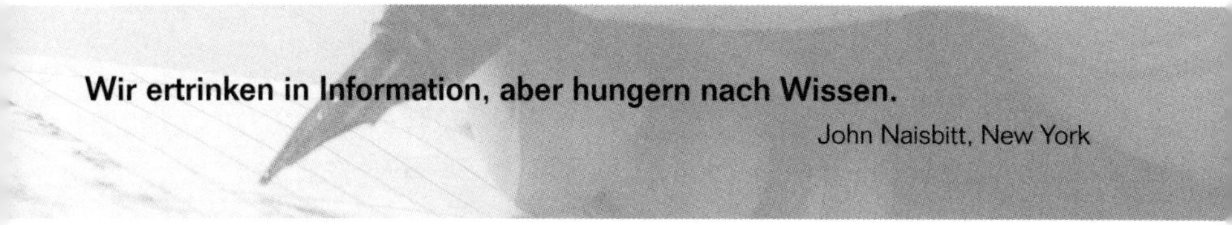

Wir ertrinken in Information, aber hungern nach Wissen.

John Naisbitt, New York

Bioprodukte gewinnen international weiter an Bedeutung

Österreich ist das führende Bioland Europas, das Schlusslicht ist Italien. Frankreich, Großbritannien und Italien verlangen bis zu doppelt so hohe Preise für Bioprodukte wie für vergleichbare konventionelle Lebensmittel. Diese hohe Preispositionierung ist mit ein Grund dafür, dass das Segment der Bioprodukte in diesen Ländern noch relativ wenig ausgeprägt ist. Nachfolgend dazu ein internationaler Vergleich am Beispiel des Biomilch-Marktes.

Biomilch-Markt

	Österreich	Dänemark	Deutschland	Schweiz	Frankreich	Schweden	Niederlande	Großbritannien	Italien
Produktion Biomilch	470.000 t	444.000 t	370.000 t	170.000 t	144.000 t	99.000 t	90.000 t	86.000 t	32.500 t
Biomilch-Anteil an Gesamtproduktion	14,1 %	9,4 %	1,3 %	4,9 %	0,6 %	3,0 %	0,9 %	0,6 %	0,3 %
als Biomilch verkauft	50 %	41 %	76 %	90 %	90 %	52 %	100 %	100 %	100 %
Bioanteil am gesamt. Milchverbrauch	7,7 %	13,1 %	1,3 %	5,9 %	0,9 %	1,8 %	1,6 %	1,1 %	0,5 %
Verbraucherpreis 1l Biomilch	0,97 €	0,91 €	0,95 €	1,16 €	1,21 €	0,79 €	0,93 €	1,30 €	1,57 €

Quelle: LPinternational 01/03

Herzlich Willkommen in Gutau

der Edelstein im Mühlviertler Kernland

www.muehlviertler-kernland.at

...reiten im Land der Pferdeeisenbahn

...wandern im romantischen Hügelland

...relaxen & entspannen im Mühlviertler Kernland

...Kongresse & Elite-Seminare am bautechnisch modernsten Institut Europas

...im Herbst 2005 Eröffnung von 16 Vierstern-Appartements inkl. Wellnessoase

www.singerbau

Die Bauleitung für das bautechnisch modernste Institut Europas wurde von **Singer** durchgeführt!

Der Spezialist für zukunftsorientiertes Bauen

Milch, Käse, Gemüse, Obst und Getreideprodukte werden von den Endverbrauchern als authentische Bioprodukte empfunden. Schwieriger wird es bei Biofleisch bzw. bei Fleischproduzenten mit Biosiegel. Hier glauben die europäischen Konsumenten nicht so recht daran, dass es sich hier um eine klare Differenzierung zwischen normalem Fleisch und Biofleisch handelt. Eine Ausnahme bilden die USA, die gerade im Biofleischbereich ein sehr hohes Wachstum verzeichnen. Dies hat aber auch im Wesentlichen mit den Fütterungskriterien in der Landwirtschaft bei Rind, Schwein und Geflügel zu tun.

Lebensmittelskandale beflügeln zusätzlich den Bioproduktabsatz. Essenziell wichtige, begleitende Rahmenbedingungen sind Kontrollen und die Auszeichnung der Produkte mit anerkannten Biosiegeln. Das Biosegment hat je nach Warengruppe seinen Grenzwert bei 10 bis 15 % Marktanteil. Während in Österreich diese Werte bereits erreicht sind, stellen beispielsweise Deutschland, Frankreich, insbesondere aber auch Italien große Hoffnungsmärkte dar.

Lag der Verbrauch von biologischen Produkten in Italien 2001 bei nur 0,8 %, so ist eine Steigerung bis 2015 auf 10 % durchaus realistisch. Die diesbezügliche Preispositionierung kann die Marktentwicklung für Bioprodukte fördern bzw. auch bremsen.

Die größte Herausforderung für die biologisch-orientierte Landwirtschaft wird die Abgrenzung von genmanipuliertem Saatgut bzw. die Einrichtung von so genannten genfreien landwirtschaftlichen Produktionsinseln sein.

Die Konsumenten erwarten nicht nur ein kontrolliertes Bioprodukt, sondern eines, das auch frei von genmanipulierten Einflüssen ist. Nur glaubwürdige und authentische Produktphilosophien werden am Markt auch zukünftig erfolgreich sein.

Grüne Gentechnik versus rote Gentechnik

Unter grüner Gentechnik versteht man Lebensmittel, die mit genmanipulierten Rohstoffen hergestellt bzw. durch gezielte genmanipulierte Eingriffe verändert werden. Diese Art von Genfood wird von 95 % der deutschen und österreichischen Konsumenten massiv abgelehnt.

Tomaten, die durch eine Mutation des Verderbchromosoms wochen- bzw. monatelang knackig frisch bleiben, will der Endverbraucher heute und auch im Jahr 2015 nicht. Im Wesentlichen spielen hier Ängste, die die Ablehnung von so genanntem Designergemüse oder von Genfood bewirken, die Hauptrolle.

Ein Analogiebeispiel dazu, wie Konsumenten durch Ängste einen innovativen und viel versprechenden Massenmarkt auf Talfahrt schickten, war im Rahmen der Markteinführung des Mikrowellenherdes beobachtbar.

Beispiel Mikrowellenherd

Auf Grund der bahnbrechenden Innovation, die mit vielen und bekannten Anwendervorteilen verbunden war, glaubte die Industrie bei der Markteinführung der Mikrowellengeräte daran, dass 70 bis 80 % der Haushalte innerhalb von zehn Jahren solch ein Gerät kaufen würden.

Der Irrtum war groß, denn innerhalb kürzester Zeit nach der Marktintroduktion begannen sich Mediziner und Ernährungsberater darüber zu streiten, ob Lebensmittel, die via Mikrowelle zubereitet werden, das Immunsystem des Menschen schwächen würden oder nicht. Einer Expertise zu Gunsten der Mikrowelle folgte die Gegenexpertise auf den Fuß. Durch die daraus resultierenden Ängste und Verunsicherungen der Konsumenten schwand das Interesse und somit die

Kaufbereitschaft signifikant. Heute haben nur rund 33 % der deutschen und österreichischen Haushalte einen Mikrowellenherd. Zwei Drittel lehnen aus gesundheitlichen Bedenken diese Technologie weiter ab. In Analogie dazu spielen bei der grünen Gentechnik die Ablehnungsängste die größte Rolle.

Gänzlich anders gelagert ist die Einstellung der Bundesbürger zur roten Gentechnik. Rote Gentechnik betrifft den menschlichen Körper. Hier geht es im Wesentlichen darum, dass durch Genmanipulation Krankheitsbilder eingedämmt bzw. geheilt werden können. Der Zuspruch zu diesem jungen Wissenschaftszweig ist enorm. Dieser wird nämlich mit großen Hoffnungen verbunden und daher auch gut geheißen. Sobald durch präventive Genmanipulation Volkskrankheiten wie Krebs und Herz-Kreislauf-Erkrankungen geheilt bzw. eingedämmt oder Organe wie die Niere oder die Leber nachgezüchtet werden können, wird die Öffentlichkeit diese medizinischen Leistungen mit Standing Ovations belohnen.

Faktum ist, dass die Endverbraucher zwischen grüner und roter Gentechnik glasklar unterscheiden, wobei der Trend zur Polarität hier aufs Neue bestätigt wird.

Keine Generation hatte so viele Chancen und Möglichkeiten wie unsere zu Beginn des 21. Jahrhunderts. Daher klagt nicht, sondern kämpft!

August Inselkammer jun.
Geschäftsführer der Isartaler Holzhaus Oberlandhaus GmbH & Co KG, Holzkirchen

Das Lebensmittelsortiment der Zukunft

Dem Trend zur Verschmelzung der Branchen entsprechend, wird der Lebensmittelmarkt 2010/2015 folgende Triade erfüllen:

- Der Verkauf von Wellnessprodukten und Dienstleistungen inklusive der offensiven Vermarktung von nicht rezeptpflichtigen Apothekenprodukten bzw. Drogeriesortimenten wird zur neuen Sortimentspolitik gehören.
- Die Erweiterung des Sortiments um warme und heiße Thekenprodukte sowie Snacks, damit das fix und fertige Mittag- bzw. Abendessen mit nach Hause genommen werden kann, wird bis spätestens 2015 erfolgt sein.
- Der forcierte Verkauf von coolished products, das sind Produkte mit einminütiger Zubereitungsdauer, die von den Kunden aufgrund ihrer größeren Frische besonders geschätzt werden, wird den Tiefkühlprodukten Marktanteile abnehmen.

Die Speisen- und Getränkeaufsteiger werden zu den weiteren Gewinnern zählen. Der Verkauf von herkömmlichen Lebensmitteln verliert sukzessive an Bedeutung. Nachdem die Kunden in Zukunft nicht nur geschmackvolle und gesunde Ernährung wollen, sondern auch eine ganzheitliche Wellnessberatung wünschen, wird die neue Generation des Lebensmittelhandels mit Ernährungs- und Wellnessberatern kooperieren.

Seriöse Wellnessberatung fußt im Wesentlichen auf zwei Säulen: der richtigen Ernährung und einer angemessenen Bewegungs- bzw. Sportaktivität. Nachfolgend dazu die Wellnesspyramide, wobei der Lebensmittelhändler der Zukunft für Wellnessfood und -drinks zuständig sein wird und gleichermaßen Kontakter bzw. Bindeglied ist und zum Top-Wellnessberater heranreift.

Ernährungspyramide

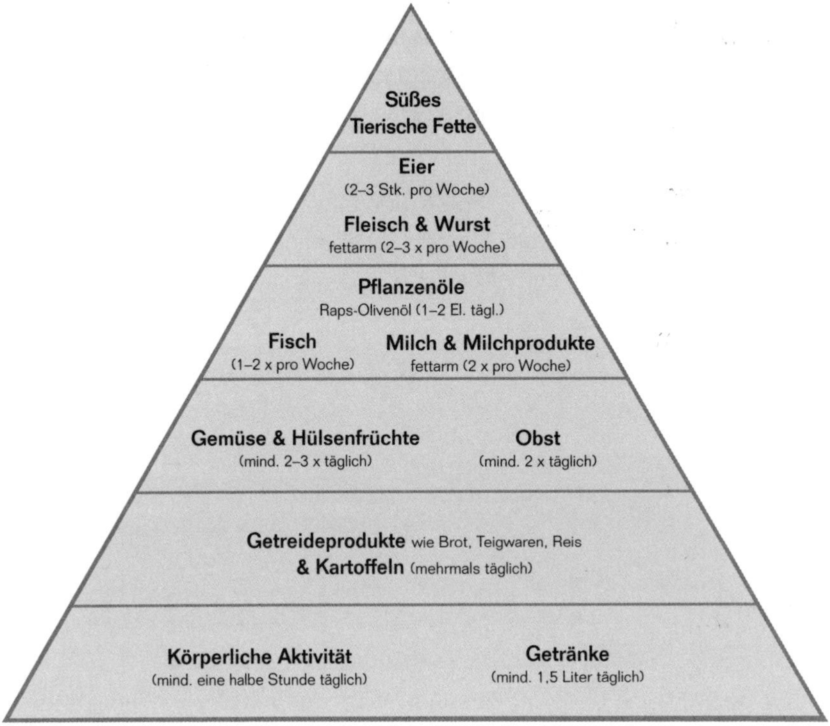

Quelle: Universität Wien

Fazit

Der Lebensmittelhändler wird 2010/2015 ein neues, junges und dynamisches Wellnessimage zu Lasten der Apotheken, die altmodisch und teuer wirken, haben.

Der Trend zur Produktminiaturisierung

Ein besonderes Charakteristikum der Lebensmittel der neuen Generation ist, dass sie körperlich und mengenmäßig immer kleiner, dafür aber höherpreisiger werden. Multipackungen werden durch die miniaturisierten Produkte weiter im Vormarsch sein und den Handels- und Konsumalltag prägen.

Die Multipackungen im Rahmen der miniaturisierten Produkte sind eine Hauptnotwendigkeit, um die Diebstahlquote auf ökonomisch vertretbarem Niveau zu halten.

Diebstahlsquote in Prozent vom Umsatz

	2002	Veränderung %
Großbritannien	1,77	0,6
Norwegen	1,59	1,9
Griechenland	1,53	6,3
Frankreich	1,49	4,9
Niederlande	1,48	4,2
Finnland	1,48	2,8
Spanien	1,47	3,5
Portugal	1,42	2,9
Italien	1,41	8,5
Belgien/Luxemburg	1,36	6,3
Irland	1,34	8,1
Dänemark	1,32	9,1
Deutschland	1,19	-1,7
Schweden	1,37	4,6
Österreich	0,97	-1,0
Schweiz	0,85	-2,3
Gesamt	1,45	2,4

Quelle: The European Retail Theft Barometer, London 2003

Kommentar

Durch die EU-Osterweiterung ist insbesondere in den angrenzenden Ländern wie Deutschland, Österreich, Holland mit einem signifikanten Anstieg des Ladendiebstahls zu rechnen. Neben dem Lebensmittelhandel werden der Modehandel und die Baumärkte am meisten von dieser negativen Entwicklung betroffen sein. Der Schuhhandel wird diese unangenehme Tendenz am wenigsten zu spüren bekommen.

Durch den Trend zur Miniaturisierung wird die Regalproduktivität erfreulich steigen. Neue Sortimente können additiv gelistet werden, ohne die Verkaufsfläche vergrößern zu müssen. Eine Mindestverkaufsflächengröße von ca. 400 m^2 bleibt aber auch für die Zukunft ein wesentliches Anforderungsprofil – sofern der Standort und das Einzugsgebiet dies zulassen.

Was gestern noch galt, gilt morgen oftmals nicht mehr.

Rudolf Mayr, Vorstandsvorsitzender der RealRendite Immobilien AG, Linz

Leben und Wohnen 2010/2015
Die neue Hausgeneration
Grundstück-Standortkriterien
Home-energy-production
Hightech – Hightouch
Sicherheitshaus
Trendorientierte Renovierung
Lebensform der Großfamilie neu
Party-, Show- und Selbstinszenierung

Die neue Haus- und Wohnungsgeneration

Der Markt spricht die Wahrheit. Neue Bedürfnisse der Menschen werden ein neues Wohn- und Lebensgefühl entstehen lassen. Dabei wird es eine interessante Symbiose zwischen dem Zusammenspiel von neuen Infrastrukturen, die die neue Haus- und Wohnungsgeneration bietet, und den emotionalen und kognitiven Wünschen der Menschen geben, die einen neuen Lebensstil prägen wird. Zum Einstieg findet sich ein Überblick über Gewinner und Verlierer der diesbezüglichen Wohnraumverteilungen und ein direkter Vergleich zwischen der alten und neuen Generation der Wohn- und Lebensräume.

Faktum ist, dass trotz der neuen Ansprüche, die die Kunden in Zukunft stellen, die neue Haus- und Wohnungsgeneration nicht mehr Fläche braucht, da es im Wesentlichen nur zu einer Umschichtung und Umverteilung zwischen den Wohnflächenanteilen kommt. Auch in Zukunft wird eine durchschnittliche Wohnungsfläche von 85 m^2 zu verzeichnen sein, ein Einfamilienhaus wird eine Wohnfläche von 130 bis 150 m^2 aufweisen.

Klassisches Wohnzimmer versus neue Wohnzimmergeneration

Das klassische Wohnzimmer hat ausgedient, die neue Generation verschmilzt im Wesentlichen mit Ausstattungspaketen wie einer Kommunikationsinsel, einer Bar oder einem Tresen und einem attraktiven Essraum. Das Herzstück der neuen Wohnzimmergeneration bildet das Heimkino mit semiprofessioneller Einrichtung, einem Plasma- bzw. LCD-Schirm, einer kabellosen Unterhaltungs- und Internetlandschaft etc. und einer Software, die jede Art von Filmmaterial auf Abruf innerhalb von wenigen Sekunden über den Großbildschirm flimmern lässt.

Aufgrund dieser Entwicklung ist ein Paradigmenwechsel in der Einrichtungsbranche notwendig. All jene Firmen, die diese Chance wahrnehmen, werden neue Wachstumsmärkte vorfinden, sofern sie die Bedürfnisse der Menschen auch richtig verstehen und mit ihrem Angebot darauf eingehen. Die klassische Couch beispielsweise wird zum Auslaufmodell degenerieren. Multifunktionale Massageliegesitze werden zum Ausstattungspaket der neuen Wohnzimmergeneration gehören. Intelligente Lösungen, die einem „Legosystem" entsprechen, wo Heimkinositze beliebig kombinierbar sind, werden neue Einrichtungswelten ermöglichen.

Klassische Küche versus Convenienceküche der neuen Generation

Der Flächenbedarf der neuen Küchengeneration sinkt. Pro Woche werden im Durchschnitt 3,5 warme Mahlzeiten, die eine längere Kochdauer als 30 Minuten haben, in der eigenen Küche zubereitet. In Zukunft wird tendenziell weniger gekocht als heute. Hintergründe für diese Entwicklung sind, dass immer mehr Take-away-Mahlzeiten, die aus Imbissstuben, Grillhuhnwägen oder dem Lebensmittelmarkt der Zukunft kommen, mit nach Hause genommen werden. Des Weiteren werden verstärkt Coolished Products und Convenienceprodukte, die eine sehr kurze Zubereitungszeit haben, konsumiert. Eine flächenmäßig kleinere Küche für den durchschnittlichen 2,5-Personenhaushalt wird daher die logische Konsequenz sein und zukünftig ausreichen.

Ein spezielles Nachfragesegment wird sich durch eine Zielgruppe additiv auftun, die so genannten Showküchen. Hier wird die Pflicht zur Kür. Die Gäste können bei der Speisenzubereitung live dabei sein. In diesem Fall ist der Herd der Design- und Showmittelpunkt.

In Summe gilt: Die Küche wird in Zukunft immer mehr Features und Funktionen bieten. Der Flächenbedarf geht auch im Sinne des Trends zur Miniaturisierung zurück. Durch eine innovative und intelligente Ausstattung kann die Küche der neuen Generation trotz Miniaturisierung höhere Preise generieren.

Nachhaltigkeit entspricht dem bewährten ökonomischen Prinzip: ohne Verschwendung das optimale Ergebnis erzielen.

Walter und Friedrich Bauer
Geschäftsführer der Bauer Holzbau GmbH, Satteldorf-Gröningen

Essraum inklusive Bar bzw. Tresen als Kommunikationstreffpunkt

Gäste zu sich nach Hause einzuladen, wird weiter an Bedeutung gewinnen. Gastfreundschaft, Höflichkeit, Spaß und Kommunikation stehen dabei im Vordergrund. Eine Einladung in den Privatbereich wird als Zeichen der besonderen Wertschätzung interpretiert. Kommuniziert wird sowohl im Sitzen als auch im Stehen. Die Bar bzw. der Tresen wird meistens der zentrale Treffpunkt für die Kommunikation im Stehen sein. Das Esszimmer, die Terrasse, der Wintergarten bzw. der Balkon sind Treffpunkte, die zu mehrheitlich im Sitzen abgehaltenen Gesprächen einladen. Wenngleich der Balkon und der Wintergarten in Zukunft immer mehr Gespräche im Stehen mit einer diesbezüglichen Einrichtungskreativität ermöglichen sollen. Wohlfühlfaktoren, wie neue Beleuchtungseffekte, Musik und Funkomponenten bzw. Duftstoffe, werden das Esszimmer inklusive Bar und Tresen additiv abrunden.

Klassisches Bad versus Indoor-Wellnessoase

Die bekannten Einrichtungsmodule des herkömmlichen Bades werden massiv durch neue Ausstattungspakete bereichert. Das Bad der neuen Generation, oder kurz gesagt die Indoor-Wellnessoase, wird folgende Wohlfühlkomponenten mehrheitlich beinhalten bzw. bieten:

- Ein multifunktionaler Whirlpool anstelle der herkömmlichen Badewanne wird ein neues Komfortgefühl erzeugen.
- Eine Erlebnisdusche wird anstelle einer 08/15-Dusche die Infrastruktur bereichern.
- Eine multifunktionelle Sauna inklusive Dampfkabine wird dem Gesundheitsbedürfnis entsprechen.
- Größere Spiegel beim Waschtisch werden als optische Gestaltungselemente verstärkt eingesetzt.
- Das WC ist nicht in die Wellnessoase integriert, sondern in einem Extraraum vorgesehen.
- Ein Sternenhimmel mit Lichteffekten, der zum Teil auch therapeutische bzw. Spaß- und Wohlfühlwirkung hat, ist ein Ausstattungselement, das wenig Geld kostet, aber sehr attraktiv erscheint.
- Immer öfter werden auch Heimkinofunktionen bzw. eine gute Soundanlage die Infrastruktur bereichern.
- Eine barrierefreie Einrichtung mit leichtem Einstieg in die Erlebnisdusche oder den Whirlpool sowie rutschfeste Fliesen bzw. Böden zählen zum neuen Standard.

Die Indoor-Wellnessoase der Zukunft braucht um ca. 6 bis 8 m^2 mehr Fläche als das klassische Bad. Dieser Mehrbedarf kann durch Einsparungen in der Küche bzw. durch den Wegfall des zweiten Kinderzimmers realisiert werden.

Klassisches Kinderzimmer versus neue Medienraum für die junge Generation

Das wesentliche neue Ausstattungspaket im Kinder- und Jugendzimmer der neuen Generation betrifft die Multimediaecke, die mit einem LCD-Schirm ausgestattet ist. Obwohl das Handy zum einen immer multifunktionaler und in seiner miniaturisierten Präsentationsform von Bildern und Filmen einen hohen Nutzungsgrad haben wird, wird zum anderen das Bedürfnis der jungen Generation immer stärker werden, zu Hause wichtige bzw. sehr unterhaltsame Daten auf einem größeren LCD-Schirm visualisieren zu können. Der flache LCD-Schirm wird auch für das Gaming bzw. für Videos on demand verwendet. Dadurch, dass die neuen Medien auch dem Trend zur Miniaturisierung entsprechen und ab 2010 die zurufgesteuerten Geräte auf den Markt kommen werden, wird das Jugendzimmer der neuen Generation nur einen geringen Platzbedarf für die neue Medienwelt haben.

Das Heimbüro gewinnt an Bedeutung

Immer mehr Firmen gehen dazu über, Außendienstmitarbeitern wenige, aber sehr leistungsfähige Arbeitsmittel zur Verfügung zu stellen. Neben dem Firmen-Pkw zählen ein Laptop und ein Heimbüro zu den wichtigsten Ausstattungen. Von den rund 41,5 Millionen Haushalten, die es in Deutschland und Österreich gibt, werden bis 2015 rund 8 bis 9 Millionen den Bedarf an einem Heimbüro haben. Das Homeoffice wird natürlich mit den neuen Entwicklungen in Büro- und Kommunikationstechnologie ausgestattet werden.

Dadurch, dass Arbeit und Freizeit immer stärker verschmelzen, wird das Heimbüro der Zukunft beide Bereiche emotional ansprechen. So wird beispielsweise ein komfortabler Bürosessel mit Kopfstützen und Massagefunktion das Heimbüro als Arbeits- und Freizeitaufenthaltsplatz besonders attraktiv machen. Der Büroschlaf, der auf anderen Kontinenten unserer Erde üblich und salonfähig ist, könnte durch eine solche Einrichtungsidee auch in Österreich und Deutschland zur Praxis und gesellschaftlich anerkennungswürdig werden.

2015 werden rund 35 % der Menschen, die im aktiven Arbeitsprozess stehen, zumindest zeitweise zuhause arbeiten, Tendenz weiter steigend. Dadurch, dass derzeit am Markt kaum durchdachte Heimbüros von der Einrichtungsbranche angeboten werden, steht die Nachfrage der Kunden dazu erst am Anfang.

Das klassische Vorzimmer versus Empfangsraum mit Sicherheitsfunktionen

In der Vergangenheit hat der klassische Vorraum mit Garderobe und Schuhstelllagen seine Hauptfunktion erfüllt. Aufgrund der Trends, dass das Einladen von Gästen immer wichtiger und die Einbruchskriminalität massiv steigen wird, werden zwei Zusatzfunktionen von Bedeutung werden. Zum einen soll mit dem Empfangsraum der neuen Generation den Gästen und Besuchern eine freundliche und einladende Visitenkarte präsentiert werden. Hier kommt der Einrichtung, der Beleuchtung, dem Einsatz von lebendem Grün, Raum- und Duftstoffen, einem Willkommensbrunnen, Bildern bzw. Gemälden eine besondere Bedeutung zu. Der Grundsatz in der Farbgebung heißt: Je heller, umso freundlicher und einladender wirkt der Empfangsraum. Zum anderen wird diese Räumlichkeit mit Sicherheitstechnik ausgestattet sein. Einbruchsichere Türen bzw. Schlösser, Alarmanlagen, Bewegungsmelder, Videoüberwachung etc. werden zum Sicherheitsstandard der Zukunft gehören. Auch hier gilt, dass sich Professionisten und Handwerksbetriebe, die sich auf die neuen Bedürfnisse einstellen und attraktive Pakete anbieten, neue Wachstumsmärkte erschließen können.

Der Fitnessraum

Dieser wird auf Wunsch des Kunden mehrheitlich im ersten Stockwerk des Einfamilienhauses einzurichten sein. Ein heller, luftiger Raum, der eine schöne Aussicht bietet, wenn möglich den Blick ins Grüne eröffnet, wird im Durchschnitt mit zwei bis drei unterschiedlichen Fitnessgeräten ausgestattet sein. Weitere Ausstattungsmerkmale sind TV, Video on demand sowie eine Musikanlage. Die Unterhaltungsgeräte dienen dazu, für Kurzweil während des Trainings zu sorgen. Die durchschnittliche Trainingsdauer pro Tag beträgt 30 bis 90 Minuten. Die Hauptnutzungszeit ist von Oktober bis März. Pro Woche wird der Fitnessraum im Durchschnitt zweimal aufgesucht.

Eine freundliche und kreative Beleuchtung, die durchaus auch lichttherapeutische Effekte erzielen kann, ist wünschenswert. Der Fitnessraum der Zukunft ermöglicht den Menschen, ihre Batterien aufzuladen. Daher werden das Ausstattungspaket und das Design sehr individuell sein.

Das Problem der Kunden wird sein, dass sie, wenn sie für ein Feature wie zB kreative Beleuchtung mit lichttherapeutischen Effekten einen Professionisten suchen, keinen Handwerksbetrieb namhaft machen können, der attraktive Beleuchtungskonzepte plant und umsetzen kann. Auch hier gibt es neue Marktchancen, die von innovativen Unternehmen relativ leicht zu realisieren wären.

Höre alle relevanten Meinungen und entscheide prompt. Die zweitbeste Entscheidung ist besser als keine Entscheidung.

Dr. Fritz Pesendorfer, Geschäftsführer der Novoferm GmbH, Gänserndorf

Sonstige Räumlichkeiten

Die A- und B-Schicht wird für ihre besonderen Gäste im Einfamilienhaus Übernachtungsmöglichkeiten im Rahmen eines netten, aber bescheiden eingerichteten Gästezimmers zur Verfügung stellen.

Des Weiteren werden im Einfamilienhaus der neuen Generation zwei WCs und neben einer Wellnessoase eine zweite Duschgelegenheit verfügbar sein. Der WC-Bereich wird räumlich etwas großzügiger angelegt werden, sodass im Alter auch die Möglichkeit besteht, mit Hilfspersonal diese Infrastruktur nützen zu können. Breitere Türen werden zum Standard gehören, damit das WC auch von Behinderten bzw. Rollstuhlfahrern problemlos aufgesucht werden kann.

Der Keller wird neben den herkömmlichen Lagerräumen einen Haustechnikraum umfassen, wo Wechselrichter, die Heizungsanlage, aber auch die Swimmingpooltechnik untergebracht werden.

Die Waschmaschine und der Wäschetrockner wie auch der Bügelladen bzw. die Bügelpresse werden entweder im Erdgeschoss oder im Keller in einem eigenen Arbeitsraum aufgestellt.

Klassische Garage versus Carport

Die klassische Garage verliert beim Ein- und Zweifamilienhaus wie auch bei den Objektbauten immer mehr an Bedeutung, da sie sich in ihrer Grundnutzenfunktion überlebt hat. Bis zum Beginn der 90er-Jahre hat die Garage eine wichtige Schutzfunktion für das Auto gegen Rostbefall bzw. Durchrostung erfüllt. Nachdem nunmehr nahezu alle Autohersteller durch neue Materialien bzw. Legierungen dieses Problem im Griff haben, hat sich die klassische Garage in ihrer Schutzfunktion ad absurdum geführt.

Dies zeigt sich erst recht, wenn man die Baukosten von etwa 20.000,– bis 25.000,– Euro für eine klassische Garage in Relation stellt. Für den gleichen Geldmitteleinsatz erhält der Kunde ein neues Auto der Mittelklasse. Sofern die Garage nicht multifunktional ausgelegt wird, degeneriert sie zum Auslaufmodell.

Ein Abstellplatz bzw. ein Carport, der wesentlich geringere Kosten verursacht, wird die klassische Garage ablösen. Bei der Errichtung von Carports sind insbesondere zwei Faktoren zu berücksichtigen: Das Einfahrtstor sollte idealerweise Richtung Süden bzw. Südwesten ausgerichtet sein und anstelle von einer Kunstoff- bzw. Holzverkleidung mit Modulen ausgestattet werden, mit denen Energie produziert werden kann. Besonders empfehlenswert sind in diesem Zusammenhang Fotovoltaikmodule, da diese auch problemlos in Standardsektionaltore integriert werden können. Nach bisher vorliegenden Studien sind rund 35 % der bestehenden Garagen bei Ein- und Zweifamilienhäusern in optimaler Himmelsrichtung erbaut worden. In diesen Fällen könnte das Garagentor problemlos zu einem Strom produzierenden Fotovoltaiktor nach- bzw. umgerüstet werden. Der zweite Aspekt ist der, dass das Dach des Carports durchaus auch für die Energieproduktion verwendet werden kann.

Die neue Wintergartengeneration

Sieben Funktionen werden den Wintergarten der Zukunft, der bis 2015 ein Objekt der Begehrlichkeit bleiben wird, auszeichnen:

- Ein sympathisches Design, das insbesondere die Frauen begeistern soll.
- Ein Raumklima, welches nicht nur im Winter und in der Übergangszeit, sondern auch im Sommer als angenehm empfunden wird.

- Die Wärme- und Lichtspeicherfunktion unter besonderer Ausnutzung der passiven Solarenergie.
- Ein Ruhe- und Regenerationsplatz nicht nur für die Leistungsgeneration, sondern auch für ältere Menschen, die den Wintergarten als kleines Schaufenster zu ihrer lokalen Welt betrachten.
- In der Fassade bzw. auf dem Dach des Wintergartens werden mit neuen technologischen Ausstattungspaketen Strom oder Warmwasser produziert bzw. Kühlungseffekte erzielt.
- Lebendes Grün unterstützt den Feelgood-Faktor.
- Show- und Funkomponenten sollen Spaß erzeugen und den Wintergarten als lebendiges kleines Prachtstück in den Mittelpunkt rücken, das insbesondere Gästen gerne präsentiert wird.

Der Garten gewinnt weiter an Stellenwert

Ein Obst- und Gemüsegarten, ein Pool, eine Liegefläche zum Sonnenbaden, ein gesicherter Platz, wo die Kinder spielen können, und vor allem ein Ort, wo ein Lieblingshobby der Männer gepflegt werden kann – nämlich das Grillen –, sind die wesentlichen Anforderungen, die der Garten zukünftig erfüllen wird.

Nachdem sich die Sonnenstunden in den nächsten zwanzig Jahren in Deutschland und in Österreich verdoppeln werden, wird die Nachfrage nach Outdoor-Pools boomen.

Im Bereich des Grillplatzes wäre eine kleine, aber multifunktionale Outdoor-Küche ein hilfreiches und attraktives Angebot, das das Handling vor Ort erleichtern und bereichern könnte. Hier könnte die Küchenindustrie ein neues Marktsegment erschließen.

Bei den Gartenmöbeln gilt: Mobilität und Flexibilität gehen vor stationärem, fixiertem Holz im Garten. Ein barrierefreier Wechsel zwischen Indoor und Outdoor sollte, insbesondere auch im Hinblick auf die 60-Plus-Generation, möglich sein. Nachfolgend ein tabellarischer Überblick über die Gewinner und Verlierer in der Wohnflächenverteilung.

Die Gewinner und die Verlierer im Wohnraumkonzept

Wohnraum	Bedeutungs-gewinn/-verlust	Flächenbedarf
Klassisches Wohnzimmer	– –	groß
Wohnzimmer neu inkl. Heimkino	+ + +	groß
Klassische Küche	– –	groß
Convenienceküche neu	+	mittel
Essraum inkl. Bar bzw. Tresen	+ +	mittel
Klassisches Bad	– –	klein
Bad neu als Wellnessoase	+ + +	mittel
Klassische Zweikinderzimmerkonzeption	– –	mittel
Kinder- und Jugendzimmer neu	+ +	mittel
Gästezimmer	+	klein
Klassisches Vorzimmer	+ / –	klein
Vorzimmer neu / Empfang	+ +	klein
Wintergarten neu	+ +	mittel/groß
Fitnessraum	+ +	mittel
Heimbüro	+ +	klein/mittel

Die Bau- und die Einrichtungsbranche wird dann erfolgreich sein, wenn sie auf die neuen Bedürfnisse der Kunden eingeht, phantasievolle Angebotsformen entwickelt und so neue Märkte schafft.

Grundstück- und Standortkriterien für die neue Haus- bzw. Wohnungsgeneration

Im Wesentlichen wird der Kunde seine Standortwahl zukünftig nach sechs Hauptkriterien treffen:

Hauptkriterien	Bedeutungs-gewinn/-verlust
Vorhandene Infrastruktur der Kommune in und um den Standort	↘
Potenzielle Gefahrenherde, die die Lebensqualität massiv beeinträchtigen	↗
Energietechnische Standortargumente für den Einsatz von erneuerbarer Energie	↗
Das soziale Umfeld	↗
Das Preis-Leistungs-Verhältnis	→
Gefühle und subjektive Empfindungen	→

Vorhandene Infrastruktur der Kommune in und um den Standort

Je nach dem situativen Ansatz und der Lebensphase des Einzelnen sind das Vorhandensein von Infrastrukturen in der Kommune, wie Kindergärten, Tagesheimstätten, Schulen, Altersheime, Krankenhäuser, Shopping- und Freizeitmöglichkeiten, einer individuellen Beurteilung zuzuführen. Der Trend zur Peripherie bzw. zu einem Standort auf der grünen Wiese setzt sich weiter fort.

Durch die zunehmende Mobilität und Flexibilität der Menschen kann auch in Zukunft der Arbeitsplatz bis maximal 60 Minuten, in einer Richtung gerechnet, vom Wohnsitz entfernt sein. Die vorhandene Infrastruktur in und um den eigenen Wohnsitz verliert tendenziell immer mehr an Bedeutung, da durch die Zunahme der mobilen Dienste die Serviceleistungen bzw. Produkte direkt in die eigenen vier Wände geliefert werden. Ein Beispiel dazu sind die vielschichtigen und immer professioneller werdenden mobilen Versorgungsdienste, die älteren Menschen ein möglichst langes Verbleiben im eigenen Haus bzw. der eigenen Wohnung ermöglichen.

Potenzielle Gefahrenherde

Hier werden insbesondere Bedrohungen bzw. Nachteile aus der ökologischen Umwelt als Bewertungsparameter für die Wahl des Standortes der neuen Haus- bzw. Wohnungsgeneration herangezogen. Folgende Fragen sind dazu von besonderer Bedeutung:

- Ist der Standort neben einem Bach oder Fluss bzw. in einem Augebiet, das hochwassergefährdet ist?
- Liegt ein Gefahrenpotenzial durch Hangrutsch vor?
- Ist es ein nord- bzw. ostseitiges Grundstück mit wenig Sonnenstunden?

Durch die stark steigende Unwetterhäufigkeit bzw. -intensität sind insbesondere die ersten beiden Fragestellungen von existenzieller Bedeutung. Die dritte Frage bezieht sich primär auf eine energietechnische und ökonomische Betrachtungsweise. Falls nur eine dieser drei strategischen Fragen mit Ja beantwortet werden kann, ist von einer diesbezüglichen Standortwahl dringend abzuraten bzw. ist mit einem massiven Wertabschlag zukünftig zu rechnen.

Energietechnische Standortargumente

Die boomenden Märkte in Deutschland im Bereich der Fotovoltaik und der thermischen Solarenergie eröffnen eine neue Produktivität von Haus- und Objektstandorten, die süd- bzw. südwestseitig ausgerichtet sind. All jene Gebäude, die auf südlagigen Grundstücken errichtet werden bzw. bestehen, werden einen additiven Wertzuwachs in Zukunft erfahren. So wie in der Vergangenheit für die Standortwahl zB bei der Errichtung einer Mühle die unmittelbare Nähe eines Baches zwecks Energiegewinnung das wesentliche Entscheidungskriterium war, so wird es in Zukunft die Südlage sein, die beim Grundstückskauf ausschlaggebend ist.

Zum Gestalten braucht man Mut – heute wie in Zukunft. Mut, Bestehendes in Frage zu stellen, zur Veränderung, aber auch für die Konsequenz in der Umsetzung.

Vorstand Gerhard Luftensteiner, KEBA AG, Linz

Das soziale Umfeld

Hier werden in Zukunft die Kriterien Kriminalitätsrate, Schichtenniveau und Ausländeranteil eine besondere Rolle spielen. Stadtviertel bzw. Regionen mit einer hohen Einbruch-, Diebstahl- und Gewaltkriminalität inklusive Drogenszene werden von der A-, B-, C1- und C2-Schicht massiv gemieden werden.

Auch der Anteil von In- und Ausländern in der jeweiligen Region wird ein wesentliches Beurteilungskriterium. So gibt es beispielsweise in Hamburg Wohngebiete, wo der Ausländeranteil bei 90 % liegt und die wenigen Hanseaten aus diesen Gebieten in andere Regionen gezielt abwandern bzw. übersiedeln. Die Ghettobildung von Inländern und Ausländern wird sich, insbesondere durch die kommende Völkerwanderungszeit, spätestens ab 2010 signifikant erhöhen. Der Wunsch der Menschen, sich in relativ homogenen sozialen Umfeldern bewegen und leben zu können, wächst. Eine diesbezügliche, subjektiv empfundene Dissonanz würde die Lebensqualität in hohem Maße beeinträchtigen.

Das Preis-Leistungs-Verhältnis

Dadurch, dass sich die Einkommensentwicklung von der bekannten Gauß'schen Normalverteilungskurve zu einer U-förmigen Kurve bis 2010/2015 entwickeln wird, wird eine immer größere Anzahl von Menschen einen niedrigen Preis des Standortes als sekundäres Argument, die Leistung als primäres Argument werten.

Nachfolgend ein Vergleich der klassischen Einkommensverteilung nach Gauß mit der neuen Einkommensverteilungskurve 2015.

Vergleich der klassischen Einkommensverteilung nach Gauß mit der neuen Einkommensverteilungskurve von 2015

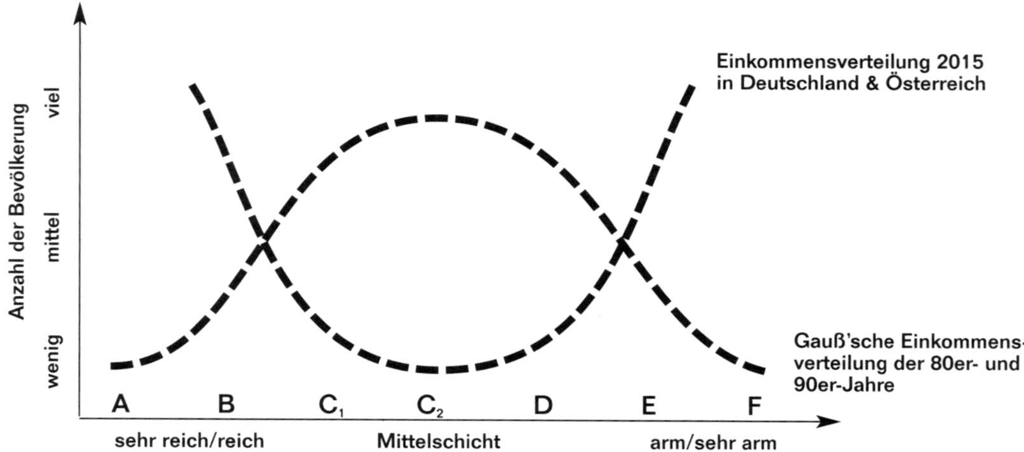

Kommentar

Fakt ist, dass die A-, B-, C1-Schicht mengenmäßig wachsen wird, so auch die D-, E- und F-Schicht oder anders gesagt: Die Reichen werden reicher und anzahlmäßig mehr, die Armen werden ärmer und ebenso anzahlmäßig wachsen. Die Mitte, die C2-Schicht, dünnt aus.

Sicherheitsargumente, Kriterien, die die Lebensqualität beeinflussen, ökologische und energietechnische Überlegungen sowie das soziale Umfeld gewinnen bei der Standortwahl immer mehr an Bedeutung. Der Preis bleibt wichtig, rückt aber tendenziell für eine immer größere Bevölkerungsschicht stärker in den Hintergrund. Es sei denn, es handelt sich um die einkommensschwache Zielgruppe.

Gefühle und subjektive Empfindungen

50 % der Wirtschafts- und Konjunktur-, aber auch der Aktienkursentwicklungen an der Börse sind von Stimmungen und Gefühlen abhängig. Ähnliches gilt auch für die neue Haus- bzw. Wohnungsgeneration bei der Standortwahl. Das gute oder schlechte Gefühl in der „Bauchgegend“ ist und bleibt ein wesentliches Entscheidungskriterium. Dabei haben den maßgeblichen Einfluss in diesem Bereich die Frauen und indirekt auch die Kinder, die sich an einem Standort emotional wohl fühlen oder nicht.

Faktum ist, dass die Verknüpfung der einzelnen Faktoren aus den sechs Hauptkriterien die Standortentscheidung in Zukunft multivariant bestimmen werden, eine singuläre Betrachtungsweise einzelner Parameter wäre falsch.

Wollen auch Sie in Zukunft mit der Sonne Geld verdienen?
SolaStrom
Mit der Sonne Geld verdienen!
Ihr kompetenter Partner
in Deutschland & Österreich
Ihre Fotovoltaik-Anlage wird von uns geplant, gebaut und gewartet. Wir zeigen Ihnen den Weg und beraten Sie gerne!
SolaStrom GmbH – Ihr Fachunternehmen für Solarstrom-Anlagen
Ansprechpartner: Günter Friedl & Arthur Mercer
Leitershoferstraße 26, 86391 Stadtbergen/Augsburg
www.solastrom.de
fa.friedl@t-online.de
SolaService
prompt • zuverlässig • sicher

Der Trend zu Home-energy-production

Die explodierenden Erdöl- und Erdgaspreise bescheren seit 2004 erneuerbarer Energie eine boomende Nachfrage, Tendenz weiter steigend. Installateure bzw. Handwerksbetriebe, die erneuerbare Energiequellen bzw. -träger anbieten, installieren und betreuen, gehen einem Big Business entgegen. Folgende Auswahlmöglichkeiten werden bis 2010 die Kunden vorfinden, um einen individuellen bzw. lokalen Energiemix für die eigene Energieversorgung definieren zu können.

- Biomasse, Pellets und Hackschnitzelheizungen erfahren durch die explodierenden Preise bei fossilen Energieträgern eine große Nachfrage und Ausweitung ihrer Absatzmöglichkeiten.
- Der Sterlingmotor steht kurz vor seiner Serienreife und wird in Kombination mit anderen erneuerbaren Energiequellen ein hoch innovatives Energieversorgungssegment mit hoher Anwenderfreundlichkeit eröffnen.
- Die stationäre Niedrigtemperaturbrennstoffzelle wird als Energiequelle für Ein- und Zweifamilienhäuser spätestens 2010 für den Massenmarkt reif sein. Größere Brennstoffzellenanlagen werden ganze Straßenzüge bzw. große Objektbauten mit Energie versorgen.
- Die Fotovoltaik wird sich, wie derzeit in Deutschland bereits erkennbar ist, zu einem immer preiswerteren und leistungsfähigeren Energieträger entwickeln.
- Die thermische Solarenergie wird dort zum Einsatz kommen, wo ein hoher Warmwasserbedarf gegeben ist. Das Preis-Leistungs-Verhältnis wird auch zunehmend attraktiver.

- Den Strom aus der Steckdose wird es auch 2015 weiterhin geben. Dieser wird in Deutschland und Österreich tendenziell mehr aus Windenergie und Wasserkraft kommen.
  In Deutschland wurde das weltweit größte und leistungsstärkste Windrad mit 1,4 Megawatt serienreif gemacht und auch bereits in Betrieb genommen. Ein einziges Windrad dieser neuen Produktgeneration versorgt 15.000 Haushalte mit elektrischem Strom. Die Entwicklung in Deutschland geht eindeutig in die Richtung, dass nicht mehr neue Windradstandorte gesucht werden, sondern dass bestehende bzw. kleinere Anlagen durch die neue und wesentlich leistungsstärkere Gerätegeneration ausgetauscht bzw. ersetzt werden. 5.400 Windräder dieser neuen Gerätegeneration können 25 % der deutschen Haushalte mit Strom versorgen.
  Auch die Wasserkraft wird eine gesellschaftliche Renaissance und Akzeptanz im Rahmen der explodierenden Erdölpreise erfahren.
- Neue experimentelle Technologien werden in Eigen- und Privatinitiativen additiv entstehen. 2010/2015 wird es außerordentlich schick sein, im Rahmen von Home-energy-production auf neue Energiealternativen zuzugreifen bzw. auch Neues zu versuchen und zu generieren.

Medien zur Energieerzeugung

Die wesentlichen und bedeutenden Flächen bzw. Räumlichkeiten für Home-energy-production der neuen Hausgeneration werden sein:

- Das Dach mit südseitiger Ausrichtung.
- Die Fassade mit gleicher Himmelsrichtungsorientierung.

- Das Garagentor bzw. Carporttor, das in süd- bzw. südwestlicher Richtung gebaut wurde.
- Der Wintergarten der neuen Generation, der nicht nur die passive Solarenergie nutzt, sondern auch aktiv Energie produziert.
- Teile des Grundstücks, wo Energie produzierende Module aufgestellt werden.
- Der Haustechnikraum im Keller, wo die neuen Apparaturen wie Brennstoffzelle, Sterlingmotor, aber auch die Pelletsheizung, Wechselrichter etc. Platz finden.

Plusenergiehaus bzw. Passiv- und Niedrigenergiehaus

Ein wesentlicher Erfolgsfaktor für die neue Haus- und Wohnungsgeneration ist eine intelligente und Energie sparende Gebäudehülle inklusive Bauelementen. Hier wird es in der Zukunft folgende Gewinner geben:

- Die Niedrig- und Passivenergiegebäudehüllen werden zum Standard.
- Fenster mit den dazugehörigen technischen Ausstattungen, K-Werten etc. sind zu leistbaren Preisen bereits heute am Markt erhältlich.
- Der Balkon der Zukunft wird auch ein integraler Bestandteil der Home-energy-production sein.
- Das Plusenergiehaus, das mehr Energie produziert als man verbrauchen kann, rückt auch für die breite Masse in greifbare Nähe.

Dazu eine ausgewählte Kennziffer: Ein Einfamilienhaus mit 130 m^2 Wohnfläche braucht eine 3kW-Fotovoltaikanlage, das sind 30 m^2 Fotovoltaikmodule, die entweder am Dach, an der Fassade oder am

Garagentor angebracht werden, um in der Stromversorgung autark zu sein. Das einmalige Investitionsvolumen exklusive Förderungen liegt bei rund 18.000,– Euro. Die Lebensdauer der Fotovoltaikmodule beträgt 25 Jahre. Das Preis-Leistungs-Verhältnis verbessert sich jährlich, da die/der Leistung/Output immer besser wird und die Preise ähnlich wie bei Computern, Handys, Taschenrechnern etc. kontinuierlich sinken.

Der Trend zu Hightech und Hightouch

Je mehr Technik auf der Gebäudehülle angebracht wird, umso mehr Naturbelassenes wünscht man sich im Rauminneren. Ein Beispiel findet sich im Fensterbereich mit der so genannten Holz-Alu-Konstruktion. Außen hat der Fensterrahmen das Alumaterial, um den Pflegeaufwand quasi auf Null zu reduzieren. Gleichzeitig genießt der Kunde im Rauminneren das Flair von echtem Holz bzw. das Ambiente eines freundlich wirkenden Kunststofffensters, das Behaglichkeit und Komfort ausstrahlt.

Folgende Kriterien und Ausstattungen werden im Indoorbereich im Sinne von Hightouch an Bedeutung gewinnen:

- Holz und helle Möbel
- Naturfarben und freundlich wirkende Wände, die eine aufhellende Gemütswirkung erzeugen
- Lebendes Grün und Trockengestecke
- Warme Lichttöne durch eine Beleuchtung, die auch unterschiedliche Färbungen je nach Stimmung ermöglicht
- Springbrunnen und andere Wasserquellen, die eine optimale Luftfeuchtigkeit und somit ein gesundes Raumklima erzeugen

- Haustiere, insbesondere solche, die wenig Aufwand bedeuten
- Bilder und Gemälde mit Naturmotiven bzw. Motiven, die sympathische Stimmungen erzeugen
- Aroma- und Duftstoffe werden eine zusätzliche Unterstützung in der Hightouch-Atmosphäre schaffen

Innovative Dienstleistungs- und Handwerksbetriebe können sich durch den Trend zum Hightouch auf attraktive Märkte mit Zukunft freuen. Voraussetzung für den Geschäftserfolg ist unter anderem eine aktive Bedürfnisweckung bei den Kunden durch ein offensives Marketing.

Der Trend zum Sicherheitshaus

Aufgrund der boomenden Einbruchskriminalität wird es eine explodierende Nachfrage nach Sicherheitseinrichtungen und Alarmanlagen für die eigenen vier Wände geben. Das Haus bzw. die Wohnung der neuen Generation wird mithilfe von Klebeetiketten auch als Security-Haus gekennzeichnet werden. Diese demonstrative Auszeichnung soll neben dem aktiven Schutz auch eine Präventivwirkung haben.

Ein Analogiebeispiel dazu aus den frühen 90er-Jahren kommt aus der Autoradioindustrie. Wie die Einbruchsserien bei Pkws mit dem Hauptziel, Autoradios und CD-Player zu rauben, ihren Höhepunkt fanden, brachte Philips einen neuen Diebstahlschutz, den Security-Code bei CD-Playern und Autoradios, auf den Markt. Die Pkws wurden zusätzlich mit Security-Code-Etiketten an den Seitenfenstern gekennzeichnet. Der Effekt war, dass diese so gesicherten Autoradios inklusive CD-Player auch von professionell organisierten Banden nicht mehr gestohlen wurden. Ähnliches wird auch für das Sicherheitshaus gelten.

Das Sicherheitshaus bzw. die Wohnung der neuen Generation wird über folgende Einrichtungen verfügen:

- Alarmanlage
- Videoüberwachung
- Eingebauten Tresor
- Spezielle Sicherheitsschlösser, -türen und -fenster
- Mehrfache Kennzeichnung via Etikette als Sicherheitshaus, insbesondere an den einbruchgefährdeten Stellen
- Private Sicherheitsdienste runden den Präventivschutz ab

Fakt ist, je älter und multikultureller eine Gesellschaft wird, umso größer ist das Sicherheitsbedürfnis.

Die trendorientierte Renovierung und Sanierung

Der Renovierungs- und Sanierungsmarkt ist wertmäßig größer als der Neubaumarkt. Bezug nehmend auf die vorher aufgezeigten Trends wird es zwei Umsetzungsgeschwindigkeiten im Rahmen der Renovierung und Sanierung geben.

So wird die neue Raum- und Wohnflächenverteilung bzw. das barrierefreie Wohnen relativ spät bzw. nur dann umgesetzt werden, wenn es einen akuten Anlass dafür gibt.

Innovative Energietechniken im Rahmen von Home-energy-production, Hightech und Hightouch bzw. Ausstattungspakete für das Sicherheitshaus werden hingegen rascher umgesetzt werden.

Dem Energiesparen durch eine renovierte Gebäudehülle kommt in Zukunft ein besonderer Stellenwert zu. Schwerpunkte dazu werden

sein: der Fenstertausch, die Wärmedämmung an der Gebäudeaußenhülle sowie die Renovierung des Dachbereichs.

Mit einer gewissen Zeitverzögerung werden die bestehenden Wohnobjekte den Idealvorgaben der neuen Haus- und Wohnungsgeneration Schritt für Schritt zu entsprechen versuchen. Andernfalls werden die Kunden vermehrt ausbleiben bzw. kündigen. Gezielte Förderungsaktionen seitens der öffentlichen Hand werden diese Entwicklung additiv beschleunigen.

Lebensform der Großfamilie neu

Die Familie wird auch in Zukunft die wichtigste soziale Wachstums- und Keimzelle für den Menschen von morgen bleiben. Wenngleich durch den Wertewandel die Familie neue Perspektiven erfährt und nicht zeitgemäße kognitive wie auch emotionale Schablonen ablegen wird.

Fakt ist, dass die Haushaltsgröße 2004 in Deutschland und Österreich bei 2,6 Personen lag. Rund 40 % sind Singlehaushalte. Nachdem die Menschen, die 2010 in Deutschland und Österreich geboren werden, im Durchschnitt 100 Jahre alt werden, wird die Altenpflege in der Kernfamilie und in der Gesellschaft ein substanzielles Thema. Die Großfamilie im alten Stil erfährt einen attraktiven Relaunch. Aufgrund des relativ hohen Vermögens der älter werdenden Generation wird die heranwachsende auf eine neue Art des Zusammenlebens abzielen. Einfamilienhäuser werden zu Zweifamilienhäuser umdesignt, die insbesondere den Wünschen der nachwachsenden Generation entsprechen. Die in der Vergangenheit aufreibenden sozialen Spannungen in der Großfamilie werden insofern entschärft, als sich in der neuen Zweifamilienhauskonzeption die junge Generation ihre

Intimzone von der Küche bis zum Schlafbereich zu 100 Prozent sichern wird, das Gleiche gilt auch für die ältere Generation. Sicher ist, dass in Zukunft jede Generation eine Optimierung ihrer Lebensqualität anstrebt und ein hohes Maß an Freiheit und Unabgängigkeit bei gleichzeitiger Berücksichtigung der Werte wie Geborgenheit, Liebe und Vertrauen anstreben wird.

Kontinuität und Verlässlichkeit sind zwei wichtige Tugenden für Gestalter der Zukunft.

Franz Schrattenecker
Geschäftsführer der Schrattenecker Holding GesmbH, Lohnsburg

Sicher ist, dass in der Entwicklung des Einzelnen die Familie auch 2015 soziale Gesetzmäßigkeiten erfüllen wird, die im Vergleich zu denen aus dem Jahr 2000 nicht wirklich unterschiedlich sein werden. Voraussetzung dafür sind die Programme, die in unserem genetischen Code manifestiert sind, und die sich trotz unterschiedlichsten und mannigfaltigsten Innovationsschüben, die unsere Gesellschaft betreffen werden, nicht ändern werden. Einige dieser grundlegenden Gesetzmäßigkeiten, die auf Dauer Gültigkeit haben werden, seien beispielhaft nachfolgend aufgezählt.

- Die wichtigste Lebensphase eines Menschen für die Persönlichkeitsausbildung, in dem auch das Lebensskript geschrieben wird, sind die ersten sechs Jahre.
- Das Urvertrauen, das ein Kind gerade in dieser Lebensphase aufbaut, ist durch keine andere soziale Struktur bzw. System ersetzbar.

- Der Wunsch nach Autoritäten, an denen sich der junge Mensch messen und reiben kann, wird weiter als Motivdisposition gelten.

Die jüngste Entwicklung hat jedoch gezeigt, dass die Eltern von den Kindern immer mehr als Freunde gesehen werden. Die Sehnsucht der jungen Generation, Autoritäten zu finden und diese auch im Verhalten zu kopieren, ist besonders groß. Das Zusammenleben zweier bzw. dreier Generationen im neuen Mehrfamilienhaus der Zukunft wird eine Renaissance erleben.

Der Trend zur Party-, Show- und Selbstinszenierung

Als Ausdruck des Lebensgefühls für 2010/2015

Kinder und Jugendliche werden die wesentliche Antriebsfeder für diese Entwicklung sein. Die Erwachsenen werden in adaptierter Form den Trend zur Party-, Show- und Selbstinszenierung kopieren. Partys zu Hause zu organisieren, eine Gruppe von Freunden mit sechs bis acht Personen einzuladen und sich dabei selbst in Szene zu setzen, ist ein Ausdruck der neuen Lebensform und Lebensfreude. Folgende Überlegungen und Attraktivitätsfaktoren dienen als Motivator, um solche Partys zuhause zu veranstalten:

- Das Heimkino wird ab 2005 durch die frühe Verfügbarkeit der neuesten Kinohits ein Geheimtipp und Anlass für das private Zusammentreffen sein.
- Die 0,5-Promilleregelung verliert durch die Übernachtung vor Ort ihre Einschränkungswirkung, da die Rückreise erst am nächsten Tag nach einem kräftigen Frühstück erfolgen wird.

- Die junge Generation hat Spaß und erspart sich viel Geld durch den nicht zu zahlenden Kinoeintritt sowie durch signifikant billigere Getränke und Snacks, die sie zur Party mitnehmen.
- Das Gaming, das Singen und Musizieren werden weitere Trendthemen sein, die die jungen Menschen zum „Partyfeiern" in den eigenen vier Wänden motivieren.
- Die immer mehr werdenden Indoor- und Outdoor-Wellnessoasen stellen weitere Attraktivitätsfaktoren dar.
- Der Gastgeber pflegt mit solchen Ereignissen den Freundeskreis und gewinnt zusätzlich an Ansehen.

In Anlehnung an die Party-, Show- und Selbstinszenierung der Jugendlichen zuhause, werden die Erwachsenen gewisse Unterschiedlichkeiten in der Umsetzung zeigen. Nachdem hier mehr auf Etikette Wert gelegt wird und dadurch der Arbeits- und Organisationsaufwand beträchtlich steigt, werden arbeitsintensive Dienstleistungen vermehrt zugekauft. Ein professionelles Catering wird sich in Zukunft einer regen Nachfrage erfreuen.

Tendenziell werden auch größere Hauspartys mit bis zu 50 Personen gefeiert werden, die mit amerikanischen Hauspartys durchaus vergleichbar sind. Voraussetzung für solch private Großereignisse sind sehr spezielle bzw. besondere Anlässe. Die 08/15-Gastronomie wird durch diese Entwicklung unangenehm betroffen sein, da sie weiter unter einer rückläufigen Gästefrequenz zu leiden hat.

Gesellschaftstrends
Ende des Wohlfahrtsstaates
Soziale Wärme
Die polarisierte Gesellschaft
Grenzen der Multikulturalität
Trend zur Sinnsuche
Kath. Kirche am Prüfstand
Selektive Luxese
Kinderfreundliche Gesellschaft
Selbstbewusster Mann – weibl. Frau
40-Plus-Generation mit Schönheitskult
Die Gesellschaft der 100-Jährigen

Das Ende des Wohlfahrtsstaates

Die Menschen in Deutschland und Österreich sehen die Entwicklung ihres Staates sehr realistisch und nüchtern. Sie erwarten, dass sich der Staat aus immer mehr Bereichen zurückziehen wird, da die finanziellen Mittel nicht mehr ausreichen werden, um die vielschichtigen Aufgaben, die er heute bzw. in der Vergangenheit erfüllt hat, weiterhin zu bewältigen. Gleichzeitig erhebt die Bevölkerung den berechtigten Anspruch – aufgrund der vorhandenen hohen Steuerlast – dass ihr der Staat in den existenziellen Fragen ein Mindestmaß an Service bzw. finanzieller Sicherheit bietet oder Strukturen fördert, die zukunftsorientiert sind.

Der sicherste Weg, die gewünschte Zukunft zu erreichen, ist, sie selbst zu gestalten und den Weg dorthin zu beschreiten.

Christian Kainmüller, öffentlich beeideter Ingenieurkonsulent, Pregarten

Welche Themen für die Menschen im Jahr 2010 von besonders hoher Bedeutung sein werden und daher auch eine substanzielle Unterstützung durch die Politik notwendig machen, zeigt die nachfolgende Top-Ten-Themenliste:

Wo erwartet die Bevölkerung eine substanzielle Unterstützung von der Politik?

Wo erwartet die Bevölkerung Unterstützung von der Politik?

1984	1997	2000	2003	2010 Prognose
1. Arbeitslosigkeit bekämpfen	1. Arbeitslosigkeit bekämpfen	1. Arbeitslosigkeit bekämpfen	1. Arbeitslosikeit bekämpfen	1. Renten sichern
2. Frieden sichern	2. Renten sichern	2. Renten sichern	2. Renten sichern	2. Arbeitslosigkeit bekämpfen
3. Umweltverschmutzung bekämpfen	3. Ausbildungsplätze schaffen	3. Kriminalität bekämpfen	3. Ausbildungsplätze schaffen	3. Gesundheitsvorsorge
4. Ausbildungsplätze schaffen	4. Kriminalität bekämpfen	4. Ausbildungsplätze schaffen	4. Kriminalität bekämpfen	4. Terrorismus bekämpfen
5. Renten sichern	5. Drogenmissbrauch bekämpfen	5. Gewalt verhindern	5. Frieden sichern	5. Kriminalität bekämpfen
6. Kriminalität bekämpfen	6. Umweltverschmutzung bekämpfen	6. Drogenmissbrauch bekämpfen	6. Wirtschaftsstandort Deutschland erhalten	6. Frieden sichern
7. Drogenmissbrauch bekämpfen	7. Frieden sichern	7. Ausländerproblematik lösen	7. Drogenmissbrauch bekämpfen	7. Ausländerproblematik bekämpfen
8. Preisanstieg bekämpfen	8. Wirtschaftsstandort Deutschland erhalten	8. Wirtschaftsstandort Deutschland erhalten	8. Gewalt verhindern	8. Gewalt verhindern
9. Tierversuche verbieten	9. Ausländerproblematik lösen	9. Preisanstieg bekämpfen	9. Ausländerproblematik lösen	9. Lebensstandard erhalten
10. Lebensstandard erhalten	10. Gewalt verhindern	10. Umweltverschmutzung bekämpfen	10. Umweltverschmutzung bekämpfen	10. Armut verhindern

Quelle: Horst W. Opaschowski: Deutschland 2020

Als Mainstream hat sich folgende Einstellung in der Öffentlichkeit verankert: Die soziale Absicherung der bestehenden Lebensqualität steht vor dem Wunsch nach Wohlstandssteigerung, wenngleich für diese neue Verzichtsbereitschaft die Menschen die schlechter gewordenen Rahmenbedingungen und harten Maßnahmen der Politik hauptverantwortlich machen. Die sehr rasch vorangetriebene EU-Osterweiterung bzw. die Globalisierung der Wirtschaft haben der Bevölkerung Härten und Wohlstandsentzug in einem Ausmaß auferlegt, sie es in den letzten Jahrzehnten davor nicht beobachtbar waren. Hinzu kommt, dass die Politik massive taktische Fehler macht, wie Überversprechen und Generierung von hohen Erwartungshaltungen, die dann in der Realität nicht erfüllbar sind. Des Weiteren unterliegt sie großen Irrtümern. So ist beispielsweise die größte Sorge der deutschen und auch der österreichischen Bevölkerung, dass die Renten nicht gesichert sind. Bedenkt man, dass im Jahr 2010 durch die massive Zuwanderung aus dem Osten Deutschland erstmals 93 Millionen Menschen beheimaten wird und Österreich über 9 Millionen, dann ist eine kerngesunde demografische Pyramide ab diesem Zeitpunkt gegeben. Das heißt, die Pensionen sind ab 2010 sehr wohl gesichert. Durch die stetige Verunsicherung, die derzeit im Rentenbereich stattfindet, haben sich 25 % der Gesamtbevölkerung, nämlich die 60-Plus-Generation, entschieden, im Konsum besonders vorsichtig zu sein bzw. auch bei Investitionen sehr verhalten zu agieren, zum Schaden der Wirtschaft.

Für eine positive gesamtwirtschaftliche Entwicklung wirkt die fehlende Zuversicht in einer breiten Öffentlichkeit wie ein Mühlstein, was sich in den folgenden zwei Beispielen besonders widerspiegelt:

Beispiel 1

Die Eltern sind heute der Auffassung, dass es ihre Kinder nicht mehr besser haben sollen, sondern dass sie besonders Wert darauf legen sollen, ihren Lebensstandard zu erhalten und ihre Lebensqualität sichern zu können. Zum einen ist an diesem Wertewandel erkennbar, dass die Menschen die Grenzwerte des leistungsorientierten Materialismus erkannt haben, zum anderen zeigt sich auch die fehlende positive Einstellung zur Zukunft.

Bei allem Gestalten sollten wir eines nie aus den Augen verlieren: letztendlich sind es die Kunden, die unsere Brötchen bezahlen.

Peter Ackerlauer, Vorstandsdirektor der voestalpine Stahl GmbH, Linz

Beispiel 2

Zielt eine Gesellschaft primär nur mehr auf Absicherung ab, zählt sie im internationalen Wettbewerb automatisch zu den Verlierern. Viele Erfahrungen und Beispiele bestätigen diese Feststellung. Eine Fußballmannschaft, die sich nur auf die Verteidigung und Absicherung ihres eigenen Strafraumes konzentriert, kann nicht gewinnen. Ohne beherzte Stürmer und einer positiven offensiven Einstellung lässt sich kein Match zum Sieg führen. Gleiches gilt für unsere Gesellschaft und Wirtschaft. Umso wichtiger wird es daher sein, in der Öffentlichkeit wiederum ein Klima der Zuversicht zu schaffen, um eine positive Aufbruchstimmung zu generieren. Dies ist, insbesondere deshalb auch zum jetzigen Zeitpunkt richtig und passend, da in den nächsten fünf Jahren innovative Produktgenerationen auf den Markt kommen werden, die einen substanziellen positiven Quantensprung in der Wirtschaft schaffen.

Fakt ist, dass die Mehrheit der Bevölkerung versteht, dass der Wohlfahrtsstaat ausgedient hat und jeder Einzelne ein Mehr an Verantwortung übernehmen muss. Die Bereitschaft dazu besteht. Gleichzeitig erwarten sich die Bürger aufgrund der bestehenden hohen Steuerquote aber zu Recht ein funktionierendes Sicherheitsnetz durch den Staat, das dann in Kraft tritt, wenn der Einzelne in seiner Existenz bedroht ist.

Der Trend zur sozialen Wärme

Je größer die Härte in der Wirtschaft bzw. Gesellschaft wird, umso stärker beginnen sich die Menschen wieder auf die eigenen Wurzeln zu besinnen. Der Trend zur neuen Menschlichkeit, zu einer Renaissance der Hilfsbereitschaft, zu einer zum Teil sehr beeindruckenden sozialen Wärme, wird unser Leben bis 2015 bereichern. Vermeintlich alte Werte gewinnen wieder an Bedeutung. Die Bürger kritisieren immer mehr das bestehende Wertedefizit.

Verantwortung wichtiger als Freiheit – Bürger kritisieren Wertedefizit

Quelle: Horst W. Opaschowski: Deutschland 2020

In der Studie von Professor Opaschowski kritisieren die Menschen, dass Tugenden wie Hilfsbereitschaft, soziale Verantwortung, menschliche Wärme etc. in den letzten Jahren zu stark in den Hintergrund gerückt wurden. Das Pendel wird daher zukünftig in die Gegenrichtung ausschlagen. Werte, die zu den Aufsteigern zählen sind:

- Fleiß
- Höflichkeit

- Pflichterfüllung
- Gehorsam

Selbstentfaltungswerte werden tendenziell weniger wichtig, wie zB Kritikfähigkeit, Kontaktfähigkeit bzw. Spontanität.

Der Trend zur sozialen Wärme kann zwar die Härten des Lebens nicht verhindern, wirkt aber wie ein Luftkissen, das Unangenehmes zumindest abfedern kann. Die Bereitschaft, Spendengelder für Mitmenschen, die unverschuldet in Not bzw. Armut geraten sind, innerhalb des eigenen Landes aufzubringen, anstatt sie ins Ausland zu überweisen, wird signifikant steigen.

Der Trend zur polarisierten Gesellschaft

Bis 2015 wird unsere Gesellschaft immer mehr reiche, aber auch eine immer größer werdende Anzahl von armen Menschen verzeichnen. Je nach staatlichen Rahmenbedingungen werden 10 bis 15 Prozent der deutschen bzw. der österreichischen Bevölkerung an oder unter der Armutsgrenze leben.

Was heute neu ist, ist morgen schon wieder von gestern. Versuchen wir daher, weiter nach vorne zu blicken.

Wolfgang Gutenthaler, Baumeister, Ing. Singer BaugesmbH, Gutau

Einen Arbeitsplatz zu haben, zählt zu einem neuen und sehr erstrebenswerten Statussymbol der Zukunft. Da aufgrund der massiven zukünftigen Zuwanderung trotz Wirtschaftsbooms die Sockelarbeitslosigkeit auch 2015 bei 10 bis 15 % liegen wird, wird es eine neue Polarität zwischen Arbeitslosen und Jobinhabern geben.

Ähnliches gilt auch für das Ausbildungsniveau. Trotz Bildungsoffensive werden zwei Gruppen in unserer Gesellschaft heranwachsen: Jene, die eine gute bzw. sehr gute Ausbildung haben, und solche, die ein schlechtes Ausbildungsniveau haben. Die Ausdünnung der Mitte wird sich bis 2015 in einer bisher nicht gekannten Form in unserer Gesellschaft manifestieren.

Die Konsequenz aus dem Trend zur polarisierten Gesellschaft wird eine Zunahme von sozialen Spannungen sein, die Mediatoren, Psychologen und Psychotherapeuten, aber auch dem Sicherheitsdienstleistungsmarkt neue Aufgabenpotenziale und Wachstumschancen eröffnen werden.

Die Grenzen der Multikulturalität

Mit Ausnahme von einzelnen, kleinen radikalen Randgruppen, die in die Schranken gewiesen werden müssen, gibt es weder in Deutschland noch in Österreich Tendenzen zum Ausländerhass oder rassistisch negative Einstellungen. Sehr wohl gibt es jedoch eine Ausländerproblematik, die im Wesentlichen auf folgenden Parametern fußt:

- Die Ausländerverteilungsquote im Inland ist unausgewogen und schafft außerordentliche Spannungen und Dissonanzen, die vermeidbar wären. In Wien, Hamburg, Frankfurt etc. gibt es Schulklassen bzw. Kindergartengruppen, wo der Ausländeranteil bei 70 Prozent oder darüber liegt. Die Konsequenz im Schul- und Kindergartenalltag ist, dass die nachwachsende Generation aus Deutschland und Österreich in die nummerische Minderheit abrutscht und gezwungen wird, sich den Verhaltens- und kulturellen

Mustern der Ausländer anzupassen bzw. zu unterwerfen. Hinzu kommt, dass Sprachbarrieren insbesondere den Lehrkörper vor nahezu unlösbare Aufgaben stellen. Wenn dann die Pisa-Studie den deutschen Schulen ein schlechtes Zeugnis ausstellt, sei in diesem Zusammenhang auch darauf hingewiesen, dass gerade Sprachbarrieren einen wesentlichen Grund für den Qualitätsverlust in der Ausbildung darstellen. Das Unverständnis der heimischen Bevölkerung wird dadurch hervorgerufen, dass oft mehr Rücksicht auf die Auszubildenden aus dem Ausland genommen wird, als auf die eigene Bevölkerung.

Die Länder bzw. Regionen, die diesem Trend entgegenwirken, werden oft zu Unrecht in der Öffentlichkeit als Hardliner dargestellt. Der Freistaat Bayern hat eine Methode entwickelt, die zeigt, wie Integration gut gelingen kann. So muss beispielsweise jeder Zuwanderer die Sprache und auch die Kultur des Gastgeberlandes verpflichtend lernen.

- Die Bereitschaft der Ausländer, die Kultur des Gastgeberlandes zu respektieren und auch zu leben, ist eine conditio sine qua non.

  Ein Ausländer, der in Bayern integriert werden soll, muss wissen was ein Laptop, eine Lederhose und die „Wies'n" ist. Deutschsprachigkeit ist Vorraussetzung. Der zu integrierende Ausländer hat sich als Gast der bayerischen Kultur anzupassen.

  Fehlende Anpassungsbereitschaft verursacht in der Praxis ein enormes Spannungspotenzial. Aus unterschiedlichen Motivationen erzeugen Teilgruppen von Ausländern Spannungen, die nicht notwendig wären, indem sie ihre Kultur dem Gastgeberland aufzudrängen versuchen. In Frankreich zeigte der „Kopftuchfall" diese Brisanz im Konkreten auf, in Deutschland ist es Praxis, dass neu zuziehende Türken kaum bereit sind, die deutsche

Sprache zu lernen. Dies verursacht natürlich wiederum bei der heimischen Bevölkerung Irritationen, die dazu führen, dass die Bereitschaft, auf neue Kulturen zuzugehen, auf ein Minimum beschränkt wird.

- Die ausländerfreundliche Rechtsprechung und auch deren Durchsetzung schafft weitere Dissonanzen. Die Marktforschung zeigt, dass immer mehr Inländer den Eindruck haben, dass Ausländer bei Vergehen von der Justiz toleranter und nachsichtiger behandelt werden als die eigene Bevölkerung. Aufgrund der Historie fühlen sich insbesondere die Deutschen unter dem Joch einer kollektiven Schuld, die eine berechtigte Kritik an Ausländern nahezu unmöglich macht oder sofort als Ausländerhass oder Rassismus interpretiert wird. Das dies eine falsche Interpretation ist, zeigt die bisher sehr erfolgreich stattgefundene Integration von Millionen Ausländern sowohl in Deutschland als auch innerhalb der gesamten EU.
- Eine erfolgreiche Integration der Ausländer wird eine der größten Herausforderungen für die Politik, die Gesellschaft und auch die Kirche sein. Durch die kommende Völkerwanderungszeit muss in den nächsten Jahren die Integration mit nachvollziehbaren und klaren Regeln substanziell gelöst werden, zumal die Bereitschaft eines multikulturellen Zusammenlebens in der Bevölkerung auf breiter Ebene durchaus gegeben ist, obwohl große Brisanz in diesem Thema steckt. Der Eindruck muss vermieden werden, dass die heimische Bevölkerung immer mehr zum Getriebenen im eigenen Land wird, die Ausländer bevorzugt werden und so durchaus vermeidbare soziale Spannungen generiert werden.

Der Trend zur Sinnsuche

63 Prozent der deutschen Bundesbürger über 18 Jahren sind orientierungslos und auf der Suche nach dem Sinn des Lebens. Der Trend zu den so genannten alten Werten wird sich bis 2015 signifikant fortsetzen. Höflichkeit, gutes Benehmen, die Bereitschaft, Verantwortung zu übernehmen, die soziale Wärme und die neue Menschlichkeit zu leben, wie auch der Trend zur Sinnsuche, werden einen neuen Werteraster ergeben. Fernöstliche Sinnstifter und die Esoterik werden weiter boomen, da die Katholische Kirche mit den bestehenden Strukturen, Systemen und Führungsmechanismen von einer immer größer werdenden Bevölkerungsanzahl abgelehnt bzw. als unattraktiv empfunden wird.

Ein wesentlicher Aspekt im Rahmen der Sinnsuche ist das Phänomen, dass das Eintrittsalter in den Ruhestand bei den deutschen und österreichischen Arbeitnehmern noch immer unter 60 Jahren liegt und die Arbeit als Sinnspender fehlt. Bedenken Sie bitte, dass im Durchschnitt die Männer 25 Jahre und die Frauen 30 Jahre lang nach dem Eintritt in den Ruhestand ihren Lebensabend verbringen und das ohne Arbeit. Gerade die Arbeit gibt jedoch 80 Prozent der Menschen eine echte Sinnstiftung. Die 60-Plus-Generation ist daher die Zielgruppe, die das größte Bedürfnis hat, die Fragen nach dem Sinn des Lebens beantwortet zu bekommen. Besondere Betätigungsfelder im Rahmen der Sinnsuche der 60-Plus-Generation werden in Zukunft sein:

- Soziale Kontaktpflege
- Nachbarschaftshilfe
- Gemeinwohlorientierung
- Selbstfindung
- Religion und Esoterik

Der Trend zur Sinnsuche beschäftigt aber nicht nur die 60-Plus-Generation, sondern auch die Gruppe der Gesellschaft, die im aktiven Leistungsprozess steht. Mit Antworten auf die Sinnsuche wird auch versucht, dem Trend zur Einsamkeit positiv entgegenzuwirken.

Sicher ist, dass die Sinnkrise das Ergebnis der derzeitigen Religionskrise in unserer Gesellschaft ist.

Menschen, die sich ansehen, gewinnen Ansehen.

Prof. DDr. Paul Michael Zulehner, Pastoraltheologe und Werteforscher, Austria

Die Katholische Kirche am Prüfstand der Gesellschaft

Faktum ist, dass die Menschen auch im Jahr 2015 ein großes Bedürfnis haben werden, mithilfe der Religion und ihres Glaubens Antworten auf die dynamischen und turbulenten Entwicklungen in dieser Welt zu bekommen. Der ausgeprägte Wunsch nach Glauben und Orientierung ist am wachsenden Interesse an Esoterik erkennbar bzw. an der Renaissance des Mysthischen. Gleichzeitig erhalten die Menschen immer weniger zeitgemäße Antworten auf ihre Sinnfragen von der Katholischen Kirche, was das Unverständnis steigert. Nachdem die Kirche ihre Hauptaufgabe in der Seelsorgepflicht hat und zudem die Menschen verpflichtet sind, Kirchenbeitrag zu bezahlen, wächst die Unzufriedenheit mit den erbrachten Leistungen. Zumal in der breiten Öffentlichkeit immer stärker der Eindruck entsteht, dass die

Katholische Kirche ihre Hausaufgaben kaum bzw. im Allgemeinen schlecht macht. Folgende Gründe sind für das Wachstum der Unzufriedenheit verantwortlich:

- Der Personalmangel an Priestern und Pfarrern nimmt bis 2015 dramatisch zu.

  Unter Papst Johannes Paul II. wurde der fehlende Priesternachwuchs bzw. der akute Priestermangel durch polnische Geistliche kurzfristig abgedeckt. Wo dies nicht möglich war, wurden immer mehr Pfarreien ohne einer Nachbesetzung mit Diakonen etc. weitergeführt. Diese verfehlte Personalpolitik der Katholischen Kirche wird die Kritik seitens der Öffentlichkeit weiter wachsen lassen.

- Das Zölibat tritt immer stärker in den Mittelpunkt der öffentlichen Kritik. Faktum ist, dass im neuen Testament kein einziger Hinweis vorhanden ist, dass Geistliche in der Katholischen Kirche nicht heiraten dürfen. Das immer häufigere Auftreten von Missbrauchsfällen bzw. Sexualdelikten im Klerus ist ein schmerzlicher und krankhafter Auswuchs eines Führungsfehlverhaltens der Katholischen Kirche, das die Öffentlichkeit immer öfter an den Pranger stellen wird. Hinzu kommt die bekannte Doppelmoral, die Priestern bzw. Pfarrern sehr wohl eine Freundin zugesteht, solange nicht offiziell darüber gesprochen wird, da dies die Organisation Kirche verbietet.

- Die Behandlung der Frauen als Menschen zweiter Klasse, die vom Priesterberuf ausgeschlossen bleiben, entspricht nicht dem Gedankengut des Evangelismus.

- Je mehr der Trend zur Armut sich in Deutschland und Österreich, aber auch in Gesamteuropa fortsetzten wird, umso größer wird das Interesse an den Vermögens- und Besitztümern, die die

Katholische Kirche ihr Eigen nennt. Die Menschen werden tendenziell immer weniger bereit sein, der Bettelkultur der Kirche zu folgen, sofern diese ihre Reich- und Besitztümer hortet und keine Bereitschaft zeigt, etwas an Bedürftige abzugeben.

- Gerade in Deutschland wird durch Hartz IV eine Welle der neuen Armut entstehen. Der ehemalige CDU-Generalsekretär, Herr Geissler, kritisiert zu Recht, dass hier die Kirche kein einziges Wort über die absehbare Armutsentwicklung erhebt. Das Eintreten der Kirche für Schwächere entspräche dem christlichen Glauben.
- Der Führungsstil der Katholischen Kirche mit seinem massiv autoritären Muster wird immer stärker abgelehnt.
- Die Medien, die sich in Kirchenfragen bis dato noch sehr zurückhaltend gezeigt haben, werden in den nächsten zehn Jahren eine aktivere Berichterstattung über Missstände, Unausgewogenheiten und Defizite an den Tag bringen. Bekanntlich haben sich die Medien zum wichtigsten Meinungsbildungs- und Einflussfaktor in unserer Gesellschaft entwickelt, noch vor dem Elternhaus und der Schule.

Fazit

Das Bedürfnis der Menschen, in einer Glaubensgemeinschaft leben zu dürfen, die Antworten auf den Sinn des Lebens gibt und Beistand leistet, wächst signifikant. Die Menschen möchten die Religion zukünftig wieder verstärkt von der Privatangelegenheit zu einem sozialen gemeinsamen Erlebnis mit Gleichgesinnten machen. Aufgrund der radikalen islamistischen Strömungen wird der christliche Glaube in seinen Grundsätzen weiter an Attraktivität gewinnen. Die Öffentlichkeit will eine Kirche erleben, die offen und menschlich ist. Eine Doppelmoral und organisatorische Regeln, die nur der innerkirchlichen Vermögens- und Reichtumsvermehrung entsprechen, werden 2015 massiv abgelehnt und auch medial immer öfter auf den Prüfstand gestellt.

Der Trend zur selektiven Luxese

Fünf Prozent der Gesellschaft sind Luxuskonsumenten, bis 2015 wird sich dieser Anteil verdoppeln. Parallel dazu zählen rund 15 Prozent zu den Sparkonsumenten. Hier muss oder will gespart werden, diese Zielgruppe wird bis 2015 auf 20 Prozent anwachsen.

Mit Ausnahme der Spar- und Luxuskonsumenten werden 65 bis 70 Prozent der verbleibenden Kunden den Trend zur selektiven Luxese leben. Zum einen werden sich die Konsumenten gezielt asketisch verhalten. Das heißt, man zeigt sich bescheiden und sparsam. Zum anderen genießt man selektiv Luxus.

Gewinner dieser Entwicklung werden in diesem Zusammenhang Vier- und Fünfsternbetriebe sein, kräftige und attraktive Marken sowie Dienstleistungen mit Erlebniskultur. Im Auge des Askeseverhaltens werden die Diskonter, Price-off-Angebote, Multipackangebote, Gutscheine etc. weiter an Bedeutung gewinnen.

Moderner Lifestyle wird zukünftig dadurch charakterisiert sein, dass Genuss- und Luxuskonsumation in vollen und üppigen Zügen erfolgt. Gleichzeitig zeigt man seinen Freunden, als Zeichen von Cleverness und Überlegtheit, dass beim Kauf von Produkten und Dienstleistungen durchaus gezielt gespart wird. Der Trend zur Luxese wird das Marketing im Bereich der Marken- und Qualitätspositionierung inklusive der Innovationsentwicklung besonders fordern. Gleichzeitig werden phantasievolle Verkaufsförderungs- und Promotionideen gefragt sein, um das Askesebedürfnis zu befriedigen.

Der Trend zur kinderfreundlichen Gesellschaft

Aufgrund des starken Geburtenrückgangs in den letzten Jahren in Deutschland und Österreich sowie der laufenden Thematisierung, dass unsere Gesellschaft überaltert, weil eben der Nachwuchs fehlt, wird in den nächsten zehn Jahren der Trend zu einer kinderfreundlichen Gesellschaft zu verzeichnen sein.

Der wesentliche Veränderungsschub in dieser Einstellung ist in der nunmehr hohen gesellschaftlichen Wertschätzung, die der Kindererziehungsarbeit zugeschrieben wird, zu sehen. Mütter, die Kindererziehung als Haupttätigkeit vollziehen, werden gesellschaftlich ebenso anerkannt sein, wie Arbeitnehmer, die einen 40-Stunden-Job ausüben. Auch die Anrechnung von Kindererziehungszeiten für die Rente unterstreicht diesen Bedeutungsgewinn und Paradigmenwechsel.

Dadurch, dass Babys und Kinder im gesamtgesellschaftlichen Auftritt unterrepräsentiert sind – jeder Vierte ist über 60 Jahre, jedoch nur jeder Siebte ist unter 14 Jahre –, steigt die Freude insbesondere bei der 60-Plus-Generation signifikant an, die junge Generation sehen bzw. treffen zu können. Hinzu kommt, dass sich im Sinne der Freud'schen Theorie die älteren Menschen mehrheitlich in die Regression entwickeln. Dieses Verhaltensmuster ist dadurch charakterisiert, dass sie sich immer kindähnlicher benehmen. Das Phänomen der Regression ist auch die psychologische Erklärung dafür, warum sich Großeltern und Enkeln insbesondere im Alter von 0 bis 6 Jahren so ausgezeichnet verstehen und ein hohes Maß an gegenseitiger Sympathie entwickeln.

Die Gesellschaft wird in Zukunft immer weniger akzeptieren, dass junge Familien mit zwei oder mehr Kindern in die Armutsfalle tappen. Es entspricht der Renaissance der traditionellen Werte ebenso wie dem Trend zur sozialen Wärme und dem Vorsorgegedanken, dass eben Familien mit Kindern die beste und solideste Finanzierungsbasis für eine Gesellschaft darstellen. In den nächsten Jahren wird das Finanzierungssystem, insbesondere das Pensions- und Gesundheitssystem, neue Regeln entwickeln, durch die kinderlose Paare höhere Beiträge in die öffentlichen Kassen einzuzahlen haben. Dieses Geld wird dafür verwendet, um junge Familien in ihrer Finanzkraft zu stärken. Diesbezügliche neue Transferzahlungen werden von der öffentlichen Hand umgeschichtet. Frankreich ist derzeit das Land in Europa mit der großzügigsten Kinder- und Familienförderung.

Neben den finanziellen Aspekten werden auch immer attraktivere und leistungsfähigere Infrastrukturen für junge Familien errichtet, um insbesondere den Müttern die Möglichkeit zu bieten, Beruf und Familie in einem verträglichen Maß vereinbar zu machen. Wobei der Trend weiter aufrecht bleibt, dass in der wichtigsten Lebensphase des Kindes, nämlich in den ersten drei Jahren, die Mutter beim Kind zuhause bleiben wird, zumal auch hier eine finanzielle Absicherung durch die Gesellschaft gegeben ist.

Die Praxis zeigt, dass die Modelle zur Vereinbarkeit von Familie und Beruf insbesondere für die jungen Mütter noch weiter ausgebaut werden müssen. Die Bereitschaft seitens der Gesellschaft, hier möglichst optimale Rahmenbedingungen zu schaffen, nimmt stetig zu.

Wer sich wagt, dem stehen viele Wege offen. Einer davon führt am Unmöglichen vorbei!

Thomas Lobensteiner, Leiter des Trainingszentrums
der deutschen Bundespolizei in Berchtesgaden

Der Trend zum selbstbewussten Mann und zur weiblichen Frau

1995 wurde in meinem ersten Bestseller „Die Zukunft fest im Griff" der Trend zum weiblichen Mann und zur männlichen Frau vorgestellt. Die Kernaussage war die, dass die Frauen die Verhaltensmuster der Männer immer mehr kopieren, im Gegenzug dazu die Männer in ihrem Verhalten immer weiblicher werden. Dieser Trend hat sich auch tatsächlich vollzogen. Bis 2015 wird es dazu eine signifikante Trendwende geben. Die Männer werden wieder selbstbewusster, nehmen den Führungsanspruch in der Partnerschaft bzw. Familie wieder deutlicher wahr, wenngleich es hier nicht um einen autoritären Führungsstil geht, sondern um ein partnerschaftlich kooperatives Klima. Gleichzeitig besinnen sich die Frauen wieder verstärkt auf ihre natürlichen Talente und Dispositionen und werden mit ihrem unwiderstehlichen weiblichen Charme die Männerwelt indirekt an das gewünschte Ziel heranführen.

Die zukünftigen Partnerschaften werden davon geprägt sein, dass beide Geschlechter als gleichwertig gelten, der Drang, als Frau die männlichen Verhaltensmuster zu kopieren, nimmt signifikant ab, umgekehrt gilt Gleiches.

Die in den letzten Jahren gepriesene Karrierefrau wird tendenziell an Bedeutung verlieren, da soziale Wärme, Menschlichkeit und die frauliche Note wiederum in den Vordergrund des Erstrebenswerten rücken. Weiter aufrecht bleibt, dass das weibliche Geschlecht überproportional genuss- und lustorientiert ist, während die Männer primär versuchen rational zu agieren und emotional etwas unterbelichtet bleiben.

Offenheit, Ehrlichkeit und Toleranz sowie gutes Benehmen und der Treueanspruch werden die Partnerschaft der Zukunft wesentlich bestimmen. Grundsätzlich gilt, dass traditionelle ältere Werte, auch im Umgang zwischen den beiden Geschlechtern, wieder an Bedeutung gewinnen werden.

Der Trend zur 40-Plus-Generation mit Schönheitskult

Dieser Trend ist eindeutig. Sowohl Frauen als auch Männer legen in den nächsten zehn Jahren sehr großen Wert auf gutes Aussehen. Die Schönheitsmedizin und die Kosmetikbranche findet auf diesem Trend aufbauend boomende Märkte vor, wobei folgende Segmente von besonderer Bedeutung sein werden:

- Eingriffe wie zum Beispiel Fettabsaugungen, Brustvergrößerungen bzw. -verkleinerungen, Faceliftings, Lippenmodulationen etc. sind die Spitze der Schönheitschirurgie.
- Zahnregulierungen bzw. Zahnersätze, die ein strahlend weißes Lächeln garantieren, werden weiter an Bedeutung gewinnen.
- Männerkosmetische Produkte und dazugehörige Dienstleistungen werden die Aufsteigersegmente sein.
- Die Frauenkosmetik wird durch Wellness- und Gesundheitsprodukte und Dienstleistungen boomen. Dem Farbwechselspiel wird in den nächsten zehn Jahren insbesondere bei Make-up und Haaren ein besonderes Augenmerk geschenkt.
- Bräunungscremen und Einrichtungen, die zu natürlicher Bräune verhelfen, werden ebenso zu den Gewinner zählen.
- Mode, die den Persönlichkeitstyp hinsichtlich Farbgebung, Design und Schnitt positiv unterstreicht, wird gewinnen.

Der Schönheitskult der 40-Plus-Generation resultiert nicht nur aus einem Feelgood-Faktor heraus, sondern auch aus einem neuen Wettbewerbsverständnis. Als Single und auch langjähriger Ehepartner möchte man den Wettbewerb im sozialen Umfeld, aber auch am Arbeitsplatz gewinnen. Faktum ist, dass es in vielen Branchen ein Überangebot an Arbeitskräften, die eine hohe fachliche Kompetenz aufweisen, gibt. Streng gesehen ist damit der jeweilige Arbeitnehmer kraft seines Fachwissens relativ leicht austauschbar. Ob ein Arbeitnehmer aufgenommen wird bzw. im Betrieb zur Kernmannschaft aufsteigen wird, hängt im Wesentlichen von der sozialen Kompetenz und in weiterer Folge auch vom gepflegten Auftreten und guten Aussehen ab. Daraus resultiert unter anderem auch der neue Schönheitskult.

Nachdem insbesondere 50-jährige Arbeitnehmer, wenn sie arbeitslos werden, schwer vermittelbar sind, wird diese Zielgruppe dem guten Aussehen, dem sympathischen Auftreten und höflichen Umgangsformen bis 2015 eine besondere Bedeutung zuschreiben, um möglichst lange auch als attraktiver Arbeitnehmer gesehen zu werden. Wobei sich die intrinsischen Wertmaßstäbe deutlich in Richtung alte und traditionelle Werte entwickeln werden. Der Schönheitskult wird zum Teil übertriebene und rational kaum mehr nachvollziehbare Fehlentwicklungen mit sich bringen, die an die Grenze des guten Geschmacks heranreichen werden.

Der Trend zur Gesellschaft der 100-Jährigen

Die Menschen, die im Jahr 2015 geboren werden, werden im Durchschnitt 100 Jahre alt. Neben der kontinuierlich steigenden Lebenserwartung werden die Gentechnologie bzw. Stammzellenforschung sowie neue chirurgische Operationsmethoden Quantensprünge für die Lebensqualität bringen. Auch 2015 wird sich die öffentliche Hand nur für fünf Prozent der alten und pflegebedürftigen Menschen Alters- bzw. Pflegeheime leisten können. Die Hauptversorgung der älteren Menschen wird entweder durch mobile Dienste geschehen, da diese signifikant kostengünstiger sind, oder durch die Familie. Auch die Zusammenarbeit zwischen mobilen Diensten und der Kernfamilie wird in den nächsten Jahren signifikant ausgebaut werden. Neben dem Kostenfaktor zeigt sich, dass sich insbesondere die älteren und alten Menschen solange wie möglich in ihrem vertrauten Heim aufhalten wollen. Der Heimpflegedienst wird in den nächsten Jahrzehnten zu einem boomenden Arbeitsmarkt heranreifen, der sowohl von Fachkräften aus dem Inland als auch aus Osteuropa rekrutiert wird.

Ein Thema, das die Moral und Ethik besonders auf den Prüfstand stellen wird, ist die Frage der Sterbehilfe. Nicht alles, was medizinisch machbar ist, ist auch menschenwürdig. Unheilbar kranke, totgeweihte Patienten werden bei Verweigerung von Sterbehilfe in Länder ausreisen, wo diese legalisiert ist. Ein so genannter Sterbetourismusmarkt beginnt sich immer stärker abzuzeichnen. Dies ist keine Respekt- bzw. Pietätlosigkeit, sondern bereits heute Teil unserer Wirklichkeit geworden. In der Schweiz gibt es bereits spezielle Sanatorien, wo nach strenger Doppelprüfung die unheilbare Krankheit, die zum sicheren Tod führen wird und mit extremen Schmerzen und Leid für den Patienten verbunden ist, medizinisch zweifach attestiert wird. Nur wenn der Totgeweihte und seine Kernfamilie, Ehepartner, Sohn bzw.

Tochter, der Sterbehilfe schriftlich zustimmen, wird nach einer nochmaligen Bedenkzeit diese aktiv geleistet.

Die Kernfamilie zieht sich mit dem todgeweihten Angehörigen in einen eigens dafür vorgesehenen Raum zurück. Die Experten stellen ein Sterbehilfemittel zur Verfügung, welches der aus dem Leben Scheidende selbst einnimmt. Innerhalb von wenigen Sekunden tritt der Tod ein, am Sterbebett nimmt die Kernfamilie Abschied. So grauenvoll dieses Beispiel auch klingen mag, für den Totgeweihten und sehr oft auch für die Kernfamilie ist es eine Erlösung. Damit Missbrauch präventiv ausgeschlossen werden kann, ist ein medizinisches und ethisches Modell eine absolut notwendige Voraussetzung. Faktum ist, dass das Thema Tod in den nächsten zehn Jahren und danach von einem Tabu- zu einem Öffentlichkeitsthema heranreift, das unsere Gesellschaft intensiv beschäftigen wird.

Ausgewählte Marketingtrends

Marketingtrends
Kundenrückgewinnung
Reduktives Kundenverhalten
B2B-Folgegeschäft
Empfehlungsmarketing
System. Stammkundenpflege
Kreatives Überraschungsmarketing
plus/minus 30 %
New-Media-Infotainment
Kauf von Copyrights

Der Trend zur systematischen Kundenrückgewinnung

In den 90er-Jahren bis hin zur Jahrtausendwende gab es in nahezu allen Branchen, sowohl im Business-to-Customer- als auch im Business-to-Business-Bereich, groß angelegte, systematische Kundenpflegemodelle. Kundenkarten, Clubs, Cross-Selling-Netzwerke usw. sind nur einige Beispiele für die Marketingmaßnahmen, die Platz gegriffen haben.

Durch den Kostendruck, der durch das Jahrzehnt der minus 30 % von 1995 bis 2004 auf den meisten Unternehmen zunehmend gelastet hat, hat man im Sinne der ABC-Analyse begonnen, nur mehr die aktiv kaufenden Kunden systematisch zu pflegen. All jene Stammkunden, die länger als zwei Jahre nicht oder kaum gekauft haben und somit in die C-Kunden-Schicht abgerutscht sind, wurden im Sinne der Marketingbudgetreduzierungen nicht mehr oder nur mehr sporadisch akquiriert.

Ab 2005 wird es auch durch das freundlicher werdende Wirtschaftsklima einen nachhaltigen Turnaround zu diesem Themenkreis geben: den Trend zur systematischen Kundenrückgewinnung!

Vom bestehenden Kundendatenstamm, den ein Unternehmen firmenintern zur Verfügung hat, zählen etwa 30–35 % zu den so wichtigen A- und B-Kunden. Je nach Branche können von den nicht aktiven Kunden oder den C-Kunden jedoch 15–50 % zurückgewonnen werden. Das Ziel sollte sein, diese zu B-Kunden zu machen.

Das nachfolgende Beispiel soll diese Marketingerkenntnisse verdeutlichen.

Vier Beispiele zum Kundenrückgewinnungspotenzial

Kundenrückgewinnungspotenzial / Ausgewählte Branchen	Stammkundenpotenzial A-, B-, C-Kunden	Anteil der A- & B-Kunden		Anteil der C-Kunden und Kündiger		Kundenrückgewinnungspotenzial	
		in %	absolut	in %	absolut	in %	absolut
Autobranche/Endverbraucher	5.000	35	1.750	65	3.250	50	1.625
Telekommunikation/Industrie	1,000.000	30	300.000	70	700.000	33	231.000
Einzelhandel/Modebranche	30.000	30	9.000	70	21.000	30	6.300
Finanzdienstleistungen/Konzern	220.000	35	77.000	65	143.000	20	28.600
Summe	1,255.000	30,9	387.750	69,1	867.250	30,8	267.525

Kommentar

Allein in den 90er-Jahren beliefen sich in der Telekommunikationsbranche die jährlichen Abwanderungsumsätze weltweit auf ca. zehn Milliarden Dollar.

Beim Beispiel Autobranche–Einzelhändler ist die Annahme, dass ein Autohändler in einer Region X 5.000 Stammkunden hat, wovon 35 % aktive A- und B-Kunden sind. 3.250 Kunden zählen zur Kategorie der C-Kunden und Kündiger. Bei einer 50%igen Kundenrückgewinnungsquote liegt daher das Kundenrückgewinnungspotenzial bei 1.625 Käufern. Nachdem die Behaltedauer eines Pkws bei rund acht Jahren liegt, ist im Durchschnitt ein Kundenrückgewinnungspotenzial von 203 Kunden pro Jahr gegeben. Nachdem diese Kunden nicht nur neue, sondern auch gebrauchte Pkws kaufen, kann pro Verkaufseinheit ein durchschnittlicher Preis von 14.500,– Euro erzielt werden. Durch eine erfolgreiche Kundenrückgewinnungsaktivität könnte dieser Autohändler somit pro Jahr additiv etwa 2,9 Millionen Euro Umsatz erwirtschaften.

Im Einzelhandelsbeispiel Mode und Textil wäre bei einem angenommenen Stammkundenpotenzial von 30.000 Kunden ein Kundenrückgewinnungspotenzial von 6.300 Kunden realistisch. Bei einem durchschnittlichen Einkaufswert von 300,– Euro pro Jahr entspricht das einem zusätzlichen Umsatz von rund 1.890.000,– Euro.

In Anlehnung an eine Studie von Bruhn/Michalski aus dem Jahr 2001 wurden folgende Faktoren herausgearbeitet, warum unzufriedene Kunden abwandern. Dieses Beispiel stammt aus der Bankenbranche.

Die Zahlen stehen für die Wichtigkeit aus Unternehmenssicht auf einer Skala von 1 (= relativ unwichtig) bis 6 (= relativ wichtig).

Warum unzufriedene Kunden abwandern

Ursache liegt beim Unternehmen	Wechsel des Ansprechpartners	4,1
	Unzufriedenheit mit dem Produkt	3,6
	Unzufriedenheit mit dem Preis	3,6
	Fehler im Leistungsprozess	3,2
	Schlechte Servicequalität	3,1
	Vertrauensbruch	2,5
	Negatives Image	2,4
	Schlechte Beschwerdebearbeitung	2,4
	Angebotslücken	2,4
	Standortlücken	1,6
Ursache liegt beim Wettbewerb	Kunde wurde direkt abgeworben	3,4
	Kunde findet Werbung der Konkurrenz attraktiver	2,7
Ursache liegt beim Kunden	Tod des Kunden	3,9
	Wohnortwechsel	3,4
	Änderung der Lebensgewohnheiten	2,8
	Wunsch nach Abwechslung	2,0

Quelle: Harvard Business Manager, Dezember 2003

Unzufriedene Kunden, die sich vom Unternehmen abgewendet haben, teilen ihre Entscheidung im Durchschnitt zehn anderen potenziellen Kunden mit. Nicht nur wegen der kontraproduktiven Effekte sollte jedes Unternehmen die Kundenrückgewinnungsstrategie anwenden. Auch zahlreiche positive Aspekte sind in dieser Marktbearbeitungsmethode zu berücksichtigen:

- So entwickeln Kunden nach erfolgreicher Rückgewinnung oftmals eine stärkere Bindung an das Unternehmen. Die Loyalität steigt ähnlich, wenn ein Unternehmen eine Reklamationsbehandlung bei Kunden erfolgreich durchgeführt hat. Es gibt kaum ein stärkeres Kundenpflegeinstrument als eine erfolgreich durchgeführte Kundenreklamation. Je größer der im Nachhinein reparierte Crash zwischen Kunde und Unternehmen ist, um so höher ist später der Zusammenhalt zwischen den beiden Geschäftspartnern.
- Abgewanderte Kunden, die zurückgewonnen werden, sind treuer und vorwiegend leichter zu gewinnen als neue Kunden, die mit dem Unternehmen bisher noch nie in Kontakt gestanden sind.

Erfolgreiche Menschen erkennt man daran, dass sie öfter aufstehen als niederfallen!

Günther Mairinger, Geschäftsführer der Bildungszentrum Lenzing GmbH, Lenzing

- Häufig sind es nur Kleinigkeiten, Unannehmlichkeiten, emotionale Enttäuschungen oder der Wunsch nach Abwechslung, warum ein Kunde abgewandert ist.
- Nicht jeder Kunde soll zurückgewonnen werden. Die nachfolgende Kundenrückgewinnungsportfolio, die in Anlehnung an Christian Homburg entwickelt wurde, ist eine wertvolle und praxisorientierte Hilfestellung.

Kundenrückgewinnungsportfolio

Quelle: Harvard Business Manager Dezember 2003

Kommentar

Der kritische, treue Meinungsführer sollte aus der Sicht des Unternehmens deshalb zurückgewonnen werden, weil er einen hohen Kundenwert darstellt, attraktive Umsätze und Deckungsbeiträge bringt sowie Opinionleaderfunktion in der Branche hat, unabhängig davon, ob diese im B2C- oder B2B-Bereich tätig ist. Der Aufwand des Unternehmens, eine erfolgreiche Rückgewinnungsstrategie einzuleiten, ist in diesem Fall hoch.

Der „Best-of"-Kunde zeichnet sich durch einen hohen Wert des abgewanderten Kunden ab, der gleichermaßen auch eine hohe Rückgewinnungswahrscheinlichkeit für das Unternehmen beinhaltet. Meistens sind es nur Kleinigkeiten, die eine Dissonanz in der Kundenbeziehung verursacht haben. Hier zahlt es sich im hohen Maße aus, nicht nur über Direktmarketinginstrumente, sondern auch über persönliche Kontakte die Rückgewinnungsstrategie zu realisieren.

Der günstig rückgewinnbare Abwanderungskunde ist ein klassischer C-Kunde. Hier gilt der Grundsatz, dass Mitarbeiter in Vertrieb, Technik oder F & E oftmals durch Telefonate oder kleine Marketingmaßnahmen den Kunden wiedergewinnen können.

Der „Goodbye"-Kunde ist einer, wo sich ein Grundsatz im Business aufs Neue bestätigt: Man muss auch „Nein" sagen können zu einem Geschäft bzw. zu einer Kundenbeziehung.

Die wesentlichen Instrumente zur Kundenrückgewinnung sind das persönliche Gespräch, das Telefonmarketing, das Direktmarketing sowie das Überraschungsmarketing, welches antizyklisch eingesetzt werden soll, nämlich zu einem Zeitpunkt, wo der Kunde nicht damit rechnet.

Auch Stolpersteine lassen sich zum Wiederaufbau verwenden!

Lucas Baumann, Rausch AG Kreuzlingen/Schweiz

Eine erfolgreiche Kundenrückgewinnung bringt nicht nur interessante und weiterführende Informationen für das Unternehmen, warum Kunden sich aus der Geschäftsbeziehung zurückgezogen haben. Es liegt auch ein kommunikativer Nutzen vor. In der Praxis ist beobachtbar, dass wiedergewonnene Kunden besonders häufig und sehr positiv über die Firma sprechen. Die Rückgewinnungsrendite (das ist der Quotient aus Rückgewinnungsgewinn und Rückgewinnungskosten) ist im Regelfall wesentlich höher als diejenige bei Neugewinnungsakquisitionen.

Die Lufthansa, der Bertelsman-Club, aber auch namhafte Firmen im Business-to-Business-Bereich zeigen beispielhaft auf, dass diese Kundenrückgewinnungsstrategie eine Methode ist, die neben der systematischen Stammkundenpflege ein „must have" für erfolgreiche Firmen ist.

Der Trend zum reduktiven Kundenverhalten

Die Informationsüberflussgesellschaft des 21. Jahrhunderts bringt es mit sich, dass die Kunden Schutz- und Verarbeitungsmechanismen entwickeln, um die objektiv betrachtet riesige und unüberschaubar gewordene Angebotsvielfalt subjektiv interpretierbar und handelbar zu machen. Fakt ist, dass die Kunden immer größere und auch latent spürbare intrinsische Dissonanzen insbesondere bei größeren Kaufentscheidungen erleben, da sie mit dem Phänomen der Informationsüberflutung, das wiederum die Ursache für wenig rationale Kaufentscheidungen ist, kaum zurande kommen. Das Verhalten der diesbezüglichen Kunden geht dabei im Wesentlichen in zwei Richtungen, die da heißen: Die Kaufentscheidung der Kunden wird aufgeschoben oder das einzelne Angebot wird ignoriert. Beides wirkt auf die Wirtschaft bzw. auf den Betrieb, der seine Leistung verkaufen will, kontraproduktiv. In Anlehnung an das Modell von Thomas Rudolph und Markus Schweizer aus St. Gallen wird dieses Spannungsfeld und der Reaktionsmechanismus der Kunden wie folgt aufgezeigt.

Das reduktive Kundenverhalten

Verfügbares Angebot am Markt	Informationsverarbeitung durch den Kunden	Reduktives Verhalten des Kunden
• Vielfältiges Produkt- bzw. Dienstleistungsangebot • Komplexe Produkte oder Dienstleistungen bzw. Präsentationen • Austauschbare Eigenschaften und Leistungsmerkmale • Zeitdruck und -knappheit	• Tendenz zur Überforderung • Orientierungslosigkeit • Preis- und Zeitdruck • Unsicherheit	• Kauf wird verschoben • Kunde besinnt sich auf Bekanntes und Bewährtes • Weitere Informationen werden gesucht • Dritte werden um Rat bzw. um Empfehlung gefragt

Quelle: Thomas Rudolph & Markus Schweizer, Harvard Business manager, Februar 2003

Kommentar

Unternehmen werden in der Angebots- und Informationsüberflussgesellschaft nur dann erfolgreich sein, wenn sie auf ein einzigartiges und unverwechselbares Leistungsprofil setzen. Nicht nur im B2C-, sondern auch im B2B-Bereich werden Kunden und Einkäufer durch das Informationsüberangebot überfordert. Auch das Internet trägt hier mehr zum Informationsmüll als zur Informationssichtung bei.

Zwei Mainstreams sind für die Wirtschaft im Rahmen des reduktiven Verhaltensmusters der Kunden im Besonderen von Bedeutung: Entweder besinnt sich der Kunde auf Bekanntes und Bewährtes oder er sucht bei Dritten um Rat bzw. hört auf Empfehlungen. Methodisch wird daher das Marketing bis 2015 ein besonderes Schwergewicht auf die systematische Kundenpflege und auf das fantasievolle Empfehlungsmarketing legen. Diese beiden Instrumente unterstützen den Kauf von Bewährtem bzw. beeinflussen positiv den Rat durch Dritte.

Nachfolgend dazu einige praxisorientierte Ausführungen, die für alle Betriebsgrößen Gültigkeit haben.

Der Trend zum B2B-Folgegeschäft

Neukundengewinnung zählt sowohl am Heimmarkt als auch auf den Exportmärkten dann zum schwierigsten Business, wenn es sich um kalte Adressen handelt und keinerlei Referenzen bzw. Empfehlungen von begeisterten Kunden vorliegen. Daher werden insbesondere bei der Neukundenakquisition und hier vor allem auf den Exportmärkten aggressive Markteinstiegspreise, Vorzugskonditionen oder Naturalrabatte etc. gewährt, die über das herkömmliche Kalkulationsmaß hinausgehen. Gerade bei der Akquisition der Märkte in Osteuropa und Russland zeigt sich, dass, wenn der Markteintritt geschafft wurde, sich Folgegeschäfte anbahnen, die erstmals einer normalen Kalkulation zugeführt werden können. Werden diese vom Unternehmen top erledigt, sind die nächsten Aufträge quasi vorprogrammiert. Automatisierte Bestellungen, die per Fax oder per E-Mail im Unternehmen eintreffen, wo auch die Preisverhandlungen bereits stark in den Hintergrund rücken und standardisiert abgehandelt werden, sind in der Praxis oftmals im Rahmen dieser Folgegeschäfte zu beobachten.

Marketingtechnisch ist es daher von besonderer Bedeutung, folgende drei Methoden professionell zu designen und umzusetzen.

1. Es ist ein Erstauftragsmarketingkonzept zur Neukundengewinnung zu entwickeln, das bei den Kunden insbesondere auf den Exportmärkten einen psychologischen Aha- oder Wow-Effekt schafft. Dieser Erstauftrag sollte – wenn nicht anders möglich – als Investition gesehen werden und top-off budgetiert werden. Taktisch ist es empfehlenswert, nicht den Preis aggressiv zu senken, sondern mit einem Einstiegsnaturalrabatt ein außerordentlich tolles Preis-Leistungs-Verhältnis unter Beweis zu stellen. Dies sollte jedoch nur dann gemacht werden, wenn es sich um einen strategischen Partner/Kunden handelt.

2. Folgeaufträge des selben Kunden müssen im Fokus des strategischen Marketingkonzeptes stehen, da andernfalls die erste Investition nicht zu rechtfertigen wäre. Die Folgeaufträge stammen von neu gewonnenen Kunden bzw. von Kunden, die über Empfehlung auf das Unternehmen zu kommen.
3. Ein kreatives Empfehlungsmarketingkonzept ist die beste Marktinvestition, um zu Folgegeschäfte im Sinne eines Schneeballeffektes zu kommen.

Nachfolgend dazu die wesentlichen Faktoren, die für ein erfolgreiches Empfehlungsmarketing notwendig sind.

Der Trend zum Empfehlungsmarketing

Referenzen und Empfehlungen sind die zwei tragenden Säulen in dieser Marktbearbeitungsmethode. Die Zielgruppen, die eine hohe Glaubwürdigkeit bzw. Empfehlungskraft haben, sind Käufer, Verwender, Experten, Freunde und Testimonials, also Persönlichkeiten, die der breiten Öffentlichkeit bekannt sind und die als sehr attraktiv gelten.

Das Testimonialkonzept

Je üppiger und verwirrender die Angebotsvielfalt ist, umso stärker ist das Bedürfnis der Kunden, Orientierungshilfen zu erhalten. Wenn eine bekannte Persönlichkeit aus Sport, Wirtschaft oder Gesellschaft ein Produkt bzw. eine Dienstleistung nutzt und empfiehlt, so unterstützt das die Verkaufsbemühungen in der Regel sehr. Beispiele dafür sind Thomas Gottschalk, Uschi Glas, Hermann Maier oder Boris Becker, die für unterschiedlichste Marken bzw. Firmen als Testimonials auftraten bzw. auftreten.

Beispiel

Dass nicht jede bekannte Persönlichkeit ein exzellentes Testimonial ist, zeigt das Beispiel Boris Becker aus den späten 80er-Jahren. Der holländische Konzern Philips wollte in Europa, insbesondere in Deutschland, in der Unterhaltungselektronik Marktanteile additiv gewinnen. Nachdem Boris Becker zu dieser Zeit bereits zur Weltklasse im Tennis zählte, entschied sich der Konzern, ihm einen europaweiten Testimonialvertrag anzubieten. Nicht berücksichtigt wurde dabei, dass Boris Becker in Europa stark polarisierte. Während er in Deutschland Standing Ovations erhielt, wurde er in anderen Ländern als präpotent wirkender Piefke gesehen. Dies führte dazu, dass nationale Organisationen von Philips in anderen europäischen Ländern ihn als Testimonial ablehnten und so Becker nur in Deutschland zum Einsatz kam.

Im B2B-Bereich wird ein Testimonialkonzept nur sehr selten eingesetzt, wäre aber eine unique Idee und mit relativ geringen Kosten verbunden, da die Werbereichweite eher klein ist. Gerade diese Ziffer ist der Benchmark für die Berechnung von Testimonialhonorare.

Erfolgsfaktoren für ein praxisorientiertes Empfehlungsmarketingkonzept

Grundsätzlich gilt, dass diese Art von Marktbearbeitung ein substanzieller strategischer Marketingbestandteil im Unternehmen sein soll. Wird das Empfehlungsmarketing als 08/15-Instrument gesehen, das nur hin und wieder zum Einsatz kommen soll, wird es nicht funktionieren.

Folgende Erfolgsfaktoren sind im Besonderen zu berücksichtigen.

- Begeistern Sie Ihre Kunden durch eine Topleistung und mit Ihrer Unternehmer-/Verkaufspersönlichkeit.
- Versuchen Sie, Ihre Kunden positiv zu überraschen und designen Sie eine kreative Neukundengewinnungsmethode, wo Ihr Angebot, Ihr Einsatz, Ihr Service, das Preis-Leistungs-Verhältnis als kleine Sensation empfunden werden.
- Der persönliche Kontakt und der Aufbau von sozialen und ökonomischen Netzwerken, von denen ihr neuer Geschäftspartner möglicherweise profitieren kann, sind starke Verkaufsargumente und besondere Attraktivitätsfaktoren.

Erfolg basiert darauf, dass man den Menschen ins Zentrum des Bemühens stellt, ihn so wie er ist akzeptiert und seine sich ständig ändernden Bedarfe mit Begeisterung erfüllt.

Johannes Gschwandtner, Geschäftsführer der Technosert Electronic GmbH, Wartberg

- Bieten Sie Ihren Kunden auch an, nach Auftragserteilung ihre Leistungen gegebenenfalls zu bewerben bzw. in Ihrem Geschäftskundenkreis zu promoten, um so additive Geschäftskontakte für Ihren Neukunden zu generieren.
- Korruption und Bestechung sind abzulehnen. Kleine Aufmerksamkeiten bzw. Geschenke insbesondere im Export, aber auch im herkömmlichen Business sind jedoch empfehlenswert.
- Versuchen Sie, Ihre Kunden emotional zu gewinnen. Laden Sie sie in Ihr Unternehmen ein und geben Sie ihnen das Gefühl, ein VIP-Kunde zu sein.

- Im B2B-Bereich, wo das Empfehlungsmarketing in seiner höchsten Ausprägung auch in eine echte Kooperation münden kann, können auch Service-Fees für Vermittlungen vereinbart werden. Diese müssen aber kommerziell verträglich sein. Das Preis-Leistungs-Verhältnis des Angebotes darf darunter nicht leiden.
- Referenzen sind eine wertvolle Hilfestellung im Empfehlungsmarketing. Die Kunden, die ein Unternehmen weiterempfehlen sollen, brauchen im Durchschnitt alle sechs Monate Informationen über Berichtenswertes. Innovative bzw. sehr renommierte Referenzen werden dabei von den Kunden am stärksten an Dritte weitergegeben bzw. kommuniziert.

Fünf wesentliche Ebenen im Empfehlungsmarketing

1. Im B2B-Bereich werden zwischen 30 und 50 % des Jahresumsatzes eines einzelnen Unternehmens über Empfehlung von begeisterten Stammkunden erzielt. Diese Erkenntnis ist viel zu wenigen Firmen bewusst und wird daher auch kaum genutzt.
2. Falls Kunden keinen Grund haben, das Produkt oder die Einkaufsquelle zu wechseln, und dem Unternehmen bzw. der Marke treu bleiben, spricht sich das herum. Diese positive, ruhige Werbung wirkt mittelfristig und langfristig und ist ein besonderer Edelstein im Marketing.
3. Negative Erfahrungen werden im Durchschnitt an zehn weitere Kontaktpersonen weitergegeben. Diese an sich sehr kontraproduktive Wirkung wird in keinem Unternehmen verhinderbar sein, da negative Ereignisse nicht ausgeschlossen werden können. Daher ist der nachfolgende Punkt „Reklamationsbehandlung" von besonderer Bedeutung.

4. Eine gezielte und erfolgreiche Reklamationsbehandlung führt in 80 % der Fälle dazu, dass die Kunden ihre Negativwerbung prompt einstellen und zum Club der treuesten und loyalsten Kunden aufsteigen. Die Konsequenz aus dieser Erkenntnis muss daher sein, ein exzellentes Reklamationsservice, das unmittelbar mit dem Verkauf kombiniert ist, im Unternehmen zu installieren.
5. Eine systematische und kreative Stammkundenpflege ist neben einer soliden Leistungserbringung des Unternehmens eine unabdingbare Voraussetzung für eine positive Mundpropaganda. Diese Kommunikationslinie ist mit Abstand die beste und wirkungsvollste.

Das Empfehlungsmarketing hat den großen Vorteil, dass Dritte über ein Unternehmen berichten, wie toll die Leistung bzw. das Service etc. ist. Diese Methodik wirkt authentischer und glaubwürdiger, als wenn sich das Unternehmen selbst als Best-of-Company auslobt. Des Weiteren hat es den großen Vorteil, dass es nur kleine Budgets erfordert, sofern keine Testimoniallinie mit weltbekannten Persönlichkeiten zum Einsatz kommt.

Der Trend zur systematischen Stammkundenpflege

Die Praxis zeigt jedoch, dass das Empfehlungsmarketing wie auch die systematische Kundenpflege sehr oft zu kurz kommen bzw. überhaupt ignoriert werden. Die Begründungen dafür sind in den Unternehmen vorwiegend folgende:

- Der bestehende Kunde kauft ohnedies und bleibt dem Unternehmen positiv gewogen. Daher ist eine Stammkundenpflege weder akut noch ursächlich notwendig.

- Firmenintern sind zu wenig Zeit, Mittel und Ressourcen im Allgemeinen verfügbar, um bestehende Kunden systematisch zu pflegen.
- Die Neukundenwerbung bzw. die Akquisition von neuen Märkten hat unternehmensintern die höchste Priorität. Alles andere muss warten oder sich unterordnen.
- Das Kommunikations- bzw. Werbebudget wurde bzw. wird reduziert. Daher ist für die Stammkundenpflege kein Budget vorhanden. Auch in der Kostenrechnung wird kein eigener Etat dafür vorgesehen.
- In der Investitionsbranche hat ein Kunde, der einmal gekauft hat, zumindest die nächsten zehn Jahre ohnedies keinen Bedarf. Daher braucht dieser nicht gepflegt zu werden. Die Neukundenwerbung ist wesentlich wichtiger.

Diese in der Wirtschaft breit vorhandene Denke, die auch die Basis für das Handeln ist, stellt einen gravierenden Irrtum dar. Im nachfolgenden Kapitel „Der Trend zum kreativen Überraschungsmarketing“ werden Lösungsansätze skizziert, die für die Praxis wertvoll und weiterführend sind.

Der wichtigste Satz ist der Umsatz!

Johann Ginzinger, Geschäftsführer der Aprilia Ginzinger Import GmbH, Ried/Innkreis

Der Trend zum kreativen Überraschungsmarketing

Überraschen Sie Ihre Kunden mit kreativen Ideen zu einem Zeitpunkt und an einem Ort, wo der Kunde sie nicht erwartet. Pro Jahr sollte ein Kunde ein- bis zweimal positiv überrascht werden, wobei der antizyklische Zeitpunkt von besonderer Bedeutung ist. Auch hier gilt, je kreativer die Idee, um so kleinere Budgets sind in der Regel dafür notwendig. Planen Sie daher zweimal pro Jahr ein Meeting in Ihrem Unternehmen mit folgender Fragestellung: Wie können wir unsere Kunden kreativ und positiv überraschen?

Fordern Sie den Projektleiter auch dazu auf, dieses Meeting kreativ zu gestalten. Wichtig ist, dass in der Ideenfindung die Vorschläge sehr konkret sind. Allgemeine Formulierungen wie: „Wir wollen unsere Kunden mit besserem Service oder freundlicheren Umgangsformen überraschen“, wirken kontraproduktiv, da sie zu wenig Substanz für konkrete Umsetzungen bieten.

Mit einem kreativen Überraschungsmarketing-Workshop erhalten die Führungskräfte sozusagen als Nebenprodukt konkrete Informationen über Verbesserungsmöglichkeiten in der Produkt- und Sortimentspolitik, Werbung und Promotion, Preis- und Distributionspolitik. Bei genauerer Betrachtung entwickelt sich solch ein kreativer Überraschungsmarketing-Workshop zu einem Meeting, das einen kontinuierlichen Verbesserungsprozess auf einer anderen Ebene und mit anderen Ausgangspunkten für ein Unternehmen eröffnet.

Gerade die Kreativität ist einer der wichtigsten Wettbewerbsfaktoren der Zukunft. Diese Philosophie soll im Unternehmen verankert werden und braucht auch die notwendige Rückendeckung durch die Geschäftsführung.

Der Trend zu plus/minus 30 %

Bis 2015 werden durch den globalen Wettbewerb und auch durch die EU-Osterweiterung die Unternehmen eine zweite Welle des Trends zu plus/minus 30 % erleben. Die Zielsetzung dabei ist bzw. bleibt, den Output um 30 % zu erhöhen bei gleichzeitiger Reduktion der Kosten um 30 %. Eine wesentliche Hilfestellung dabei werden die verlängerten Arbeitszeiten ohne Lohnausgleich bzw. die kommende Senkung der Lohnnebenkosten sein. Weitere Kostenreduktionsprogramme im Unternehmen können in den meisten Fällen kaum mehr realisiert werden, da in den letzten zehn Jahren ohnedies das Cost-Cutting im Vordergrund stand und die meisten Unternehmen ihr Kostenfitnessprogramm erfolgreich absolviert haben. So gesehen können additive Kosteneinsparungspotenziale primär durch Kooperationen und Outsourcing realisiert werden bzw. die Produktivität durch eine höhere Auslastung der bestehenden Kapazitäten gesteigert werden. Die größeren Auftragsvoluminas, die primär aus den osteuropäischen Märkten zu erwarten sind, machen die Erreichung dieser Zielsetzung auch realistisch.

Natürlich gibt es auch Organisationen bzw. Firmen, die aufgrund ihrer Quasimonopol- oder Oligopolstellung erst jetzt den Prozess der plus/minus 30 % durchleben. Beispiele dafür sind die Österreichische Post, die 30 % der Filialen schließen wird, um rentabler zu werden, oder die Bundesbahnen, die im Dienstrecht und bei den Betriebskosten große Einsparungspotenziale realisieren können und auch müssen.

Im B2B-Bereich zeichnet sich eine Entwicklung insbesondere im Zulieferbereich ab, wo die Lieferanten verpflichtet werden, jährlich um 3 % günstiger zu werden, da sie ansonsten aus der Listung gestrichen werden.

Die Konsequenz aus dem Trend zu plus/minus 30 % wird sein, dass die Automatisationsquote sowohl bei den Zulieferern als auch bei den Herstellern in Westeuropa weiter steigen wird, der Lohnanteil am Gesamtkostenvolumen nur mehr eine geringfügige Bedeutung haben wird. Nur so wird das Unternehmen international wettbewerbsfähig sein und auch dem Trend zu plus/minus 30 % entsprechen können.

Der Trend zum New-Media-Infotainment

Ein Big Business der Zukunft wird die neue Handygeneration bringen, die dem Trend zur Multifunktionalität im Superlativ entspricht. Informationen und Entertainment werden zukünftig in Topqualität nicht nur als Bilder, sondern auch als Film mit Ton übermittelt. Eingebaute Kameras, die Videos via Satellit auf den zuhause stehenden Server laden und wenn gewünscht, diese auch sofort am Laptop weiterbearbeiten können, sind nur ein Feature, das die neue Produktgeneration der Handys charakterisieren wird. Sicher ist auch, dass mit diesem Innovationsquantensprung eine Neupositionierung des Handys erfolgen wird. Ein gänzlich neuer Gattungsname wird die Konsequenz sein.

Nachdem die Technologie der zurufgesteuerten Geräte immer besser wird, wird auch das Drücken der Tastatur, um beispielsweise SMS zu versenden, der Vergangenheit angehören. Die neue Handyproduktgeneration wird durch weitere Funktionen, wie Abwicklung des Zahlungsverkehrs, Ersatz des Radiorekorders, da die Top-Hits wie auch der Lieblingsradiosender via Internet und Satellit in guter Soundqualität empfangen werden können, den Anwenderkomfort erhöhen.

Die Netzanbieter werden den Anwendern Paketleistungen offerieren, die insbesondere im Gaming- und Entertainmentbereich viele

Gratisleistungen umfassen werden, um so Marktanteile zu gewinnen. Es werden in Zukunft aber nicht nur Spaß- und Entertainmentfunktionen in Anspruch genommen, sondern auch Informationsdienstleistungen wie Nachrichten, Verkehrsinformationen etc., die über den Mini-LCD-Schirm in Filmqualität empfangen werden. Die neue Handyproduktgeneration verstärkt den Trend zum Mobilen, Stationäres verliert weiter an Bedeutung.

Im Sinne des Trends zur Polariät wird neben den miniaturisierten Bildschirmen der neuen Handygeneration der größere LCD-Schirm bzw. der große Plasmaschirm zuhause an Attraktivität weiter gewinnen. Die Menschen wollen im Bereich der Visualisierung beides – die große und mächtige sowie die mobile miniaturisierte Präsentationsform.

Der Trend zum Kauf von Copyrights und Werknutzungsrechten

Ein Paradigmenwechsel der besonderen Art wird unsere Wirtschaft und das Kaufverhalten der Kunden nachhaltig verändern. Anstelle von Produkten wird spätestens ab 2010 der Verkauf von Copyrights und Werknutzungsrechten in vielen Branchen das Big Business sein.

Das alte Paradigma, das Jahrzehnte und Jahrhunderte gegolten hat, lautete: Kaufe ein physisches Produkt zum Preis X oder zur Tauschhandelsleistung Y. Damit war der Eigentumswechsel vollzogen und der wichtigste Lebensnerv der wirtschaftlichen Leistungserbringung, nämlich der Verkauf, erfüllt. Auch zu Beginn des 3. Jahrtausends gilt noch dieses Kaufmuster.

Beispiel

In der Unterhaltungselektronik haben die Konsumenten gelernt, ihre Lieblingssongs bzw. Lieblingsfilme auf Schallplatte, CD bzw. auf Videokassette oder DVD zu kaufen. Der Konsument hat damit ein konkretes Produkt für seinen Kaufpreis bezogen. Lediglich bei unbespielten Ton- und Videoträgern, wie Audiokassetten, Videokassetten etc., müssen Urheberrechtsabgaben, die in den Verkaufspreis eingerechnet werden, an die Verwertungsgesellschaften der Künstler, Musiker etc. bezahlt werden.

Spätestens 2010 wird sich diese Kauflandschaft aber auch aufgrund des Trends zum physischen Immaterialismus gänzlich ändern. Es werden keine DVDs, CDs oder andere Datenträger mehr gekauft, sondern der Kunde erhält die Werke online, lädt sie auf den Server oder spielt sie on demand über den vernetzten Server nach Belieben ab. Für die Lieblingssongs oder -filme werden nur mehr die Werknutzungsrechte bezahlt.

Veränderung beginnt in den Köpfen. Geschäftsführer und Vorstände verändern meistens jedoch erst, wenn ihre Verträge in Gefahr sind.

Bruno Mauerkirchner, Geschäftsführer Firma Schöck Österreich, Wien

Das Big Business der Zukunft liegt daher in vielen Branchen im Verkauf von Copyrights und Werknutzungsrechten, die den Zugriff auf Produkte bzw. Dienstleistungen erlauben. Das Geschäft mit dem Produktverkauf wird bis 2015 auch aufgrund der Trends zum physischen Immaterialismus und zur Rohstoffverknappung signifikant zurückgehen und den Trend zum Kauf von Copyrights und Werknutzungsrechten pushen. In den USA zählen Prozesse, die Urheber- bzw. Werknutzungsrechtverletzungen betreffen, bereits heute zu den teuersten, Tendenz weiter steigend.

Laut Trendletter hat der Coca-Cola-Konzern in Großbritannien eine Promotion-Online-Aktion gestartet, indem er eine Website eröffnet hat, die 250.000 Musikstücke als kostenpflichtige Downloads anbietet. Außerdem befindet sich in der Verschlusskappe jeder Coca-Cola-Flasche ein Gutschein mit einem Code, der einen kostenlosen Download ermöglicht. Diese Outform-Promotions eröffnen auch eine neue Art von Sponsoring. Junge Künstler, Musiker, Autoren bzw. Freischaffende können ihre Urheberrechte an Firmen verkaufen, die diese wiederum in Promotions bzw. in Partnership-Sponsoringaktivitäten einbetten.

In jedem Unternehmen sollte sich Innovation und Cost-Cutting reibungsvoll gegenüberstehen – Erst ihre visionäre Auseinandersetzung gestaltet die Zukunft.

Uwe Deisenhammer, Manager, Ried/Innkreis

Managementphilosophien und der Wettkampf zwischen Asien, Europa und den USA

Co-Autor Heinz Durstberger

Für Nina, Nora und Paul!

Managementphilosophien
im globalen Wettbewerb
Wettkampf ASIEN – EU – USA
Investieren in China
Strategische Optionen in China
Verhandlungsprinz. chin. Partner
Japanische Verhaltensmuster
Asiatische Manager im Ausland
Interkult. Managementunterschiede
Kapitalmarkt ASIA/Pacific, China
Innovationsvergleich China – EU – USA

Wettkampf Asien – EU – USA

Die neue Weltkarte rückt entgegen dem bisherigen Fokus auf Europa nunmehr Asien stark in den Mittelpunkt unseres Bewusstseins und ist Ausgangspunkt für eine epochale Änderung der internationalen Wirtschaftssektoren.

Der zukünftige Wettbewerb zwischen Europa, Asien und den USA wird von einer neuen Art der Globalisierung mit starken lokalen Ausprägungen geführt werden.

Die wesentlichen Absatzmärkte für europäische Industrieunternehmen liegen nicht mehr nur in Westeuropa, sondern vermehrt in den Wachstumsregionen Osteuropa, Asien, USA und teilweise auch Südamerika. Hohe Fertigungskosten belasten die Produktionen in Westeuropa und in Kombination mit den Fertigungsqualitäten und Produktivitäten werden die Wachstumsmärkte gleichzeitig zu attraktiven „Heimmarkt„-Szenarien, wodurch die globalen Wertschöpfungsstandorte neu definiert werden.

China verändert sich in einem Tempo, das nicht nur für die westliche Wirtschaftswelt alarmierend ist, und hat ein Wachstum, das auf absehbare Zeit keine Grenzen kennt. Was ist das für ein Land, das sich nun seit Jahren zwischen Kommunismus und Kapitalismus bewegt, das sich zwar der restlichen Welt öffnet, sich aber gleichzeitig jedem unerwünschten Einfluss verschließt, auf die Mechanismen der freien Wirtschaft setzt, aber staatlich kontrolliert, wo immer es geht, um eine Supermacht zu werden? Marktführerschaft wurde von China übernommen bei Spielwaren, Fahrrädern, Haushaltsgeräten, Fernsehern und Kameras sowie Sportartikeln und Kleidung. Nicht mehr Japan, sondern China ist der wichtigste Handelspartner der Europäer in Asien.

Die positive Entwicklung der letzten Jahre in den USA ist mit äußerster Vorsicht zu betrachten, weil die wahre Schubkraft hinter dem Aufschwung rasant wachsende Schulden sind. Schon ein bescheidener Rückgang der Aktienmärkte wird die Realität dramatisch ins Bewusstsein rufen. Die japanische Wirtschaft hatte aus den selben Gründen eine fast 15-jährige Stagnations- und Sanierungsphase und ist dadurch der US-Wirtschaft mehr als zehn Jahre voraus. Die amerikanische Wirtschaft hat Mitte der 90er-Jahre den wohl stärksten und längsten Aufschwung in ihrer Geschichte begonnen. Starkes Wirtschafts- und Gewinnwachstum verbunden mit der geringsten Arbeitslosigkeit seit Jahrzehnten geben ein hervorragendes Bild nach außen. Die alten Industriesektoren wurden massiv umstrukturiert, wodurch die Produktivität enorm gesteigert werden konnte. Darüber hinaus hat Amerika die Führung in den neuen Hightech- und Kommunikationsindustrien übernommen, die die stärksten Wachstumsraten überhaupt aufweisen. Diese Errungenschaften haben zu einer Aufwärtsentwicklung am Aktienmarkt geführt und ständig Kursrekorde gebracht. Diese Kurssteigerungen wurden nicht als Spekulationsgewinne, sondern als Folge einer grundlegenden Wandlung der Wirtschaft von einer so genannten „Old Economy“ zu einer „New Economy“ gesehen. Die Investitionen in völlig neue Hoffnungsgebiete wie der Informatik oder auch der Biowissenschaften sind zwar anders, aber alte Gesetze verlieren deshalb nicht ihre Gültigkeit. Die US-Wirtschaft wurde daher als fundamental gesund und leistungsfähig angesehen, obwohl es zu gewissen Abkühlungen des Wachstums und auch zu Kurskorrekturen an den Börsen gekommen ist, jedoch nicht zu wesentlichen Störungen des Finanzsystems. Amerika hatte der herrschenden Meinungen zufolge die stärkste Wirtschaft der Welt und der Geschichte. Alle anderen waren weit deklassiert. Über die Unternehmensverschuldung hinaus ist ein weiteres Element des US-Wunders die exorbitante Verschuldung aller weiteren amerikanischen Wirtschaftssegmente, insbesondere der Konsumenten. Das kurzfristige Denken, ausgerichtet am Shareholder-Value, ist langfristig eine gefährliche Ausrichtung.

Der horrende Kreditanstieg Amerikas fließt in drei Gebiete, die kein Sozialprodukt und keine produktiven Investitionen erzeugen. In die Importe, in die weitgehend ertraglosen Expansionsstrategien über Mergers and Acquisition, die keine produktiven Nettoinvestitionen sind, und in die Finanzspekulation. Es gibt somit keinen Grund, Amerika als Maßstab zu nehmen, um europäische Schwächen festzustellen. Aufgrund der geschilderten Tatsachen ist es bemerkenswert, dass die USA immer als Beispiel herangezogen werden, um die Misere Europas noch drastischer darzustellen. Es ist keineswegs zu empfehlen, das amerikanische Management und die Führungsphilosophie nachzuahmen. Umorientierung tut also in beiden Räumen, sowohl in Europa als auch in den USA not, insbesondere bei der am Shareholder-Value orientierten Corporate-Governance-Theorie.

Europa ist besser

Das von einer neuen Arbeitskampfbereitschaft geprägte Sozialklima in Deutschland ist ein ernst zu nehmendes Signal. Die Gewerkschaften mögen ihre Forderungen auf falschen Tatsachen und Argumenten aufbauen, die Emotionen haben sie allemal auf ihrer Seite. Die Probleme bleiben vor allem auf einige Großunternehmen fokussiert, während der nach Wertschöpfung und Beschäftigung viel größere Bereich des Mittelstandes von den positiven und negativen Entwicklungen der Boomjahre weit weniger oder gar nicht betroffen ist. Die europäische Wirtschaft ist in einem Zustand, der im Vergleich mit den USA in wesentlichen Punkten deutlich besser ist.

Am Beispiel der deutschen Autoindustrie kann ein hervorragend gelungener Wandel aufgezeigt werden. Zu Beginn der 90er-Jahre waren die deutschen Autofirmen mehrheitlich in einem schlechten und teilweise desolaten Zustand. Die Japaner schienen in einem nicht mehr aufzuhaltenden Vormarsch auf sämtlichen Märkten zu sein. Zehn Jahre später hat Deutschland die beste Autoindustrie der Welt, Japan ist ebenso wie die USA in den Rückstand geraten. Die Skandinavier haben sich verkauft. Ein ähnlich gravierender Wandel ist in der europäischen Flugzeugindustrie gelungen: Die noch vor zehn Jahren bestehende Vormachtstellung der USA auf diesem Gebiet wurde durch den Erfolg des Airbus fast ins Gegenteil verkehrt. Im Maschinenbau, in der Pharma- und Kunststoffindustrie sowie in vielen globalen Nischenbereichen kann sich die europäische Wirtschaft wirklich sehen lassen. Die jüngsten Probleme in der Autoindustrie aufgrund der aktuellen Wirtschaftslage zeigen aber, dass aus einer Position der Stärke agiert werden kann.

In einer sich ständig ändernden Welt ist es unbedingt notwendig, die Dinge anders zu tun als die Mehrheit der anderen, um Weltklasseleistungen zu erbringen und die Nase vorne zu haben.

Oskar Berger, W.L. Gore & Associates GmbH, München/Putzbrunn

Nachahmen ist nur erfolgreich, wenn man es besser macht. Die Japaner haben dies bis vor zehn Jahren bewiesen. Die Chinesen beweisen es derzeit und die Europäer können im Bewusstsein, sich auf ihre Stärken zu konzentrieren, die erlangte Position festigen und ausbauen. Die europäische Wirtschaft versteht mehr von Kundennutzen und Qualität als die meisten anderen. Sie hat in wichtigen Bereichen starke Marktpositionen, teils Führerschaft. Sie hat nach wie vor guten bis hervorragenden Mittelstand, in dem nicht die Investorenmentalität, sondern das unternehmerische Element dominiert. Die Europäer sind stark im langfristigen Denken und Handeln und im Durchstehen von schwierigen Zeiten. In Europa können noch viele Leistungsreserven mobilisiert werden, wenn man den Menschen einen Grund zur Leistung gibt. Der Wichtigste dafür ist das Vorbild an der Spitze.

Investieren in China

Die Motive für Direktinvestitionen in China sollten ausschließlich von der eigenen Position in internationalen Märkten, der damit verbundenen Unternehmensstrategie und deren gezielter Umsetzung abhängen. Das niedrige Lohnniveau ist wohl attraktiv, kann aber nur in Verbindung mit langfristigen strategischen Überlegungen ein Teilaspekt in einem Gesamtkonzept sein. Produktionskostenvorteile sind aus europäischer Sicht in den CEE-Ländern viel leichter umsetzbar und haben ohnehin nur mittelfristigen Charakter. Eine Strategie des industriellen Nomadentums, vom einen Billigland zum nächsten zu ziehen, ist eine Strategie, die endlich ist.

Durchschnittliche Lohnkosten/Monat in der verarbeitenden Industrie (US-$)

Singapur	1.450–1.550
Hongkong	1.100–1.200
Taiwan	1.050–1.150
Südkorea	750–850
Malaysia	300–400
Thailand	120–220
Polen	150
China	50–100
Indien	30–40
Indonesien	25–50

In China zu investieren heißt, in einen starken Wachstums- und Heimmarkt zu gehen, in dem mit den für diesen Markt aufnahmefähigen Produkten und Leistungen eine solide Unternehmensbasis geschaffen werden kann. In weiterer Folge kann dann in andere internationale Märkte exportiert werden. Dem Unternehmenszweck entsprechend ist für ein Zulieferunternehmen der Industrie die Investition im Rahmen der Lokalisierung von Produktionen von „Global Players" ein Grund hier mitzuziehen, wie dies in der Automobil-, der Elektro- und auch der Konsumgüterindustrie der Fall ist. In diesem Zusammenhang bieten sich gleichzeitig sinnvolle Ansätze von „Factory Focus Strategien" zur Konzentration von Entwicklungs- und Produktionskapazitäten mit gezielter Nutzung von Vorteilen betreffend Know-how, Beschaffungs- und Produktionskosten. Diese Vorteile sind dann zu lukrieren, wenn kritische Größen wie Produktionsmenge, geringe Variantenzahl, Transportwege und der Betreuungsaufwand auf der Managementseite dies zulassen. Die vorhandene Infrastruktur in den Industriezonen bietet heute exzellente

Voraussetzungen für ein Engagement in China. Je nach Industriesektor und Größenordnung der Zielinvestition ist neben der Standortwahl die wichtigste und weit reichendste Entscheidung, ob der Markteintritt als Joint Venture mit einem chinesischen Partner oder ausschließlich alleine erfolgt. Für diese Entscheidung sind in der Planungsphase ausreichende Ressourcen bereitzustellen. Die intensive Auseinandersetzung mit den lokalen Strukturen und Gegebenheiten, die Analyse des Wettbewerbs sowie die sorgfältige Abwägung der Pro's und Con's einer Zusammenarbeit mit einem Partner sind dringend notwendig.

Ein Engagement in China ist nur dann sinnvoll, wenn die lokalen Absatzmärkte erschlossen werden können. Als Werkbank für europäische Firmen ist China mit den größeren Risken und Gesamtaufwendungen eher nicht geeignet. Osteuropa oder Russland bieten hier wesentlich bessere Voraussetzungen zu einem kalkulierbaren Risiko. Außerdem hat das chinesische Wirtschaftswachstum bereits dazu geführt, dass Rohstoffe und Vorprodukte knapper und teurer geworden sind.

Bei einer Herstellung von Produkten in China für den Inlandsmarkt ist sehr genau zu prüfen, ob durch das Engineering, das Design, die Funktionen und die Fertigungsprozesse die Preisniveaus der lokalen Anbieter zu erreichen sind. Aus vielen Praxisbeispielen wissen wir, dass hier enorme Gefahren gegeben sind, weil auf Basis europäischen Engineerings die geringeren Fertigungskosten allein meist nicht ausreichen, um wettbewerbsfähig zu sein. Hier kommt der Industrialisierungs- und Lokalisierungskonzeption eine zentrale Bedeutung zu.

Die vier strategischen Optionen für ein Engagement in China

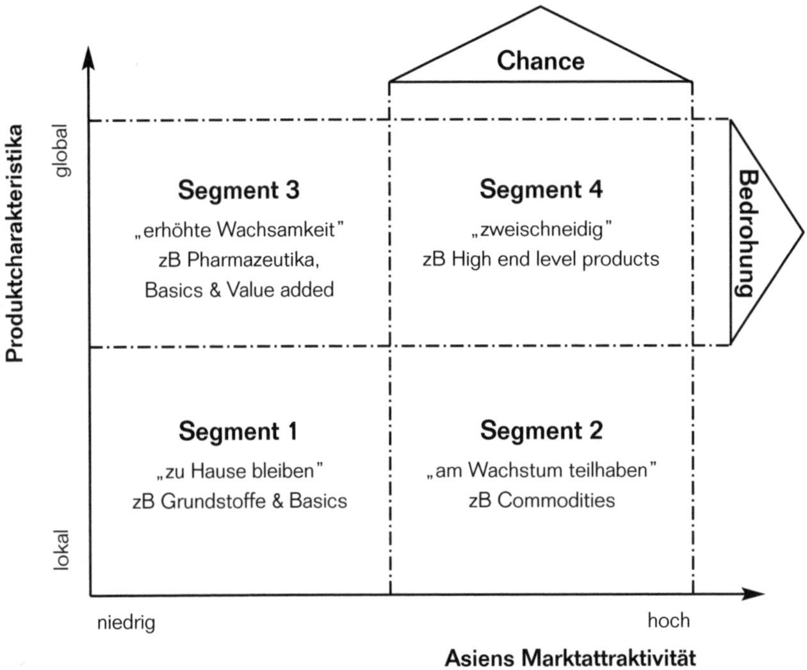

Segment 1: Basics products

Hier lohnen die Investitionen in China nicht. Die chinesische Konkurrenz wird billiger und schneller sein.

Segment 2: Commodities

Lokale Produkte und ein schnell wachsender chinesischer Markt. Kunststoffe, Haushaltsgeräte und viele andere Massenprodukte. Wer dieses Geschäft betreibt, muss in China präsent sein und kostengünstig liefern können.

Segment 3: Basics & Value added products

Ein globales Produkt und ein wenig attraktiver Markt. Darunter fallen Industriesegmente, die hohe Investitionen in Anlagen erfordern, wo aber der Markt noch nicht entwickelt ist. Die Kunden lassen sich noch aus Europa beliefern. Der chinesische Markt wird sich entwickeln, also abwarten.

Segment 4: High end level products

Globale Produkte und ein attraktiver Markt, hohe Investitionen vor Ort können sich durchaus rechnen. Technische Kunststoffe, Elektronik und Autoindustrie. Der chinesische Markt wächst rasant, die Nachfrage vor Ort wird in absehbarer Zeit stark wachsen. Die Gefahr ist allerdings, dass chinesische Produzenten längst aktiv sind und chinesische Unternehmen mittelfristig nicht nur auf lokalen, sondern auch auf internationalen Märkten ernst zu nehmende Wettbewerber sein werden. Insbesondere die etablierten Heimmärkte europäischer und amerikanischer Lieferanten sind gefährdet.

Die Managementphilosophien der globalen Wettbewerber

Spitzenleute, die die Zukunft gestalten, weisen im Vergleich – sicherlich auch aufgrund von Kulturunterschieden – kaum ähnliche Profile auf. Hinsichtlich der Persönlichkeit, der Wertvorstellungen, dem Kommunikationsverhalten und der Art und Weise der Führung erfolgreicher Führungskräfte sehen wir die mannigfaltigsten Fassetten, die im internationalen Wettbewerb zum Ausdruck kommen.

Bevor demnach eher typische Merkmale von Asiaten, Europäern und Amerikanern untersucht werden, scheint es sinnvoll, die gemeinsamen Prinzipien festzuhalten, worauf sich ihr Erfolg gründet. Die Erfahrungen des 94-jährigen Austro-Amerikaners Peter F. Drucker zeigen, dass erfolgreiches Führen nicht eine Frage des Charakters, sondern vielmehr durch das Handeln nach Prinzipien bedingt ist. Was kennzeichnet also Leader?

- Sie stellen die Frage, was getan werden muss.
- Sie fragen, was gut und richtig für das Unternehmen ist.
- Sie schmieden Pläne und leiten verbindliche Aktionen mit Resultaten daraus ab.
- Sie übernehmen die volle Verantwortung für ihre Entscheidungen.
- Sie stellen sicher, dass die Kommunikation stimmt.
- Sie konzentrieren sich mehr auf Chancen als auf Risken.
- Sie führen effektive Meetings durch.
- Sie denken und sprechen in der Wir-Form, nicht in der Ich-Form.

Mit den ersten beiden Prinzipien werden die benötigten Informationen erarbeitet. Die vier folgenden dienen dazu, das erlangte Wissen in gezielte Maßnahmen umzusetzen. Mit den letzten beiden Prinzipien wird erreicht, dass sich alle Mitarbeiter verantwortlich fühlen.

Daraus lernen wir, dass die Konzentration auf Aufgaben mit Priorisierung, die im Verlauf auch angepasst werden, die Basis für erfolgreiche Führung ist. Die Verteilung der Aufgaben erfolgt an jene Verantwortlichen, die dafür am stärksten prädestiniert sind und dadurch auch überzeugen können. Interdisziplinäres Know-how und der gezielte Umgang damit lassen dann auch entsprechende Resultate entstehen.

Wenn wir wissen, wo wir stehen und was wir wollen, haben wir die Wahl entweder zu leiden oder aktiv zu gestalten bereits getroffen. Die Voraussetzung dafür, dass das Richtige bestmöglich getan werden kann, ist zudem ein Umfeld, in dem Ideen gefördert werden, schöpferisches Träumen zugelassen wird und aus Fehlern gelernt werden darf. So ist jede Chance gegeben, aus Mangelhaftem das Bestmögliche zu realisieren. Mit einer positiven Einstellung werden wir auch die Ergebnisse erreichen, die wir erwarten.

Ergebnisorientierung im Management ist zunächst die Auswahl, der Einsatz, die Förderung und Entwicklung von Menschen, wodurch die faktischen und monetären Resultate erzielt werden.

Das Management ist die schöpferischste aller Künste. Es ist die Kunst, Talente richtig einzusetzen.

Johann Fiedler, Landesinnungsmeister der Mechatroniker und
Helmut Brunner, Landesinnungsgeschäftsführer der Mechatroniker, Linz/Donau

Die Differenzierung

Alle europäischen Länder, vor allem Deutschland, Frankreich, Italien und England, haben mit wirtschaftlichen Problemen zu kämpfen. Aber wohin führt die andauernde Kritik, wo bleibt der Pioniergeist? Amerikanische Führungs- und Verhaltensmuster zur Bewältigung der Probleme anzuwenden, ist der falsche Weg. Amerikanisches Management ist eher einfach strukturiert. Die Verhältnisse sind auf einen großen Heimmarkt fokussiert. Gelernt wird über Fallstudien, die dann verwaltungsmäßig abgearbeitet werden und am Weg der Aufgabenerledigung mit übertriebenen Erfolgsmeldungen verbreitet werden. Die kurzfristigen, quartalsorientierten Zielsetzungen lassen langfristiges Denken und Handeln in den Hintergrund treten, was eine unternehmensgefährdende Entwicklung darstellen kann.

Europäer sind es gewohnt, im Management mit komplexen Strukturen umzugehen und sind außerdem durch die Anforderungen der Exportwirtschaft mit den mannigfaltigsten Problemen und Situationen konfrontiert, die es zu lösen gilt. Darüber wird aber weniger geredet, sondern einfach gehandelt. Die dabei erworbenen Kompetenzen und Erfahrungen machen die Stärke der westeuropäischen Führungskräfte aus. Europa hat dadurch eine hervorragende Position, die führende Rolle zu behalten und auch auszubauen.

Die Grundlagen des wirtschaftlichen Erfolgs sind der Geist und die Erfahrungswerte der Aufbaugeneration.

Ein durchschnittlich gebildeter Chinese weiß heute mehr über den Westen als ein vergleichbar gebildeter Europäer oder Amerikaner über China. Bei vielen Reisen konnten wir Beobachtungen in den glitzernden Metropolen und armen Provinzen, Fabriken und Shopping Malls machen, wo einem viel Erstaunliches, Widersprüchliches, Abschreckendes und Beeindruckendes in Erinnerung bleibt.

Chinesische Unternehmen haben in der Regel Aktionäre, die weniger auf hohe Renditen drängen. Die lokalen Unternehmer geben sich mit deutlich niedrigeren Gewinnen zufrieden und konzentrieren sich stattdessen auf Marktanteile und Wachstum. Wer es auf dem hoch wettbewerbsintensiven chinesischen Markt geschafft hat, wird sich auch auf dem Weltmarkt in einer guten Position befinden.

Nicht nur in China, aber vor allem dort, heißt die oberste Regel „lokales Management". Ohne chinesische Führungskräfte hat ein europäisches oder amerikanisches Unternehmen in Asien keine Chance. Es ist unmöglich, sich bei noch so guter Vorbereitung diesen Managementansätzen mit seinen diffizilen Regeln auch nur ansatzweise zu nähern. Für eine erfolgreiche Mission ist eine gute Symbiose herzustellen.

Zehn Verhandlungsprinzipien aus der Sicht der chinesischen Geschäftspartner

1. Verunsichere den Ausländer mit Freundlichkeit und der komplexen Darstellung des Vorhabens.
2. Lerne die ausländischen Firmen und ihre Verhandler gründlich kennen und nutze die jeweils interne Konstellation oder eventuelle Barrieren zu deinem Vorteil.
3. Etabliere bestimmte Prinzipien und kümmere dich um Details später. Der Chinese hält sich bedeckt, der Ausländer legt allzu rasch viele Gegebenheiten und Informationen offen.
4. Verhalte dich erst sehr entgegenkommend, dann nutze den Zeitpunkt gegen den Partner.
5. Geduld ist als wesentliche Eigenschaft im Zeitplan verankert.

6. Verhandle hart, es geht darum, wer der Sieger ist. Das Ganze ist ein „Nullsummenspiel“, was der eine gewinnt, verliert der andere.
7. Irritiere den Partner durch überraschende Emotionen.
8. Verliere nie das eigentliche strategische Ziel aus den Augen. Meist ist dies ganz anders gelagert, als die aktuellen Verhandlungen vermuten lassen.
9. Vergiss das Endspiel nicht, gib dich am Ende sehr hilfreich, stelle sicher, dass staatliche Genehmigungen wie aus dem Nichts auftauchen, stimme zu und mache große Einladungen.
10. Ein unterzeichneter Vertrag ist noch lange nicht ein endgültiger Vertrag. Wenn Verträge fertig sind, betrachte sie lediglich als eine Grundlage für weitere „freundliche Diskussionen“.

Ein strategisches Spiel

Selbst wenn die Chinesen immer westlicher auftreten und dies durch Kleidung, Management und kulturelles Wissen unterstreichen, bleiben ihre Denk- und Vorgehensweisen doch die traditionell asiatischen. Sie gehen oft indirekt und mit alten Listen vor, dabei ist Ungeduld der größte Feind der westlichen Verhandlungspartner. Gastgeschenke gehören in China zum guten Ton, verpackt in Rot und Rosa, weil diese als Glück bringende Farben gelten. Damit macht man Eindruck und es öffnen sich Türen und Kontakte.

Verhandlungen in China sollte man als strategisches Spiel mit vielen Faktoren und Fassetten angehen. Es ist also wesentlich, sich ein Bewusstsein zu verschaffen, das von Geduld, Anpassung, Selbstverbesserung und dem Blick nach außen und auch nach innen getragen ist. So wird man schließlich mit dem aufgebauten Vertrauen Verbündete für die eigene erfolgreiche Strategieumsetzung gewinnen. „Den Gegner ohne Kampf zu bezwingen, das ist die größte Kunst."

Der Hintergrund im Management

Die immer noch starken konfuzianischen und taoistischen Prägungen der Gesellschaft, die auf Hierarchien und Achtung einerseits und auf dem Finden des „Mittelweges" andererseits beruhen, basieren beide auf dem Wunsch und Streben nach Harmonie. Verglichen mit der westlichen Kultur wird dadurch mehr Wert auf längerfristige Beziehungen gelegt. Es herrscht eine klare Hierarchie und deutliche Machtdistanz. Dem hierarchisch Höhergestellten wird Ehrerbietung und Achtung erwiesen, ausgesuchte Höflichkeit ist in der chinesischen Kultur sehr tief verankert. Die Einhaltung der Rangordnung wird von allen Beteiligten erwartet und respektiert. Ein weiterer wichtiger Bestandteil ist die Unterordnung des Einzelnen gegenüber seiner Gruppe und eine bis zur Aufopferung gehende Loyalität gegenüber der Familie und Vorgesetzten. Ein Schwerpunkt liegt in der sozialen Kompetenz des Einzelnen innerhalb seiner Gruppe. Für die in festen Gruppen agierenden Personen ist die Furcht, das Gesicht zu verlieren, bzw. die Hoffnung, das Gesicht zu gewinnen, der wesentliche Bestandteil ihrer Gruppenorientierung. Managen in China heißt also, Regeln von Disziplin und Gruppenverhalten zu berücksichtigen. Lange Diskussionen und ausführliche Auseinandersetzungen mit Detailthemen sind an der Tagesordnung. Am Deutlichsten wird dies, wenn im Geschäft endlos lange über den Preis gefeilscht wird. Die intensiven Diskussionen sind auch wichtig, denn gerade für westliche Manager ist sicherzustellen, dass alle Beteiligten die Botschaften verstanden haben und zunächst freundliches Nicken im Ablauf der

Aufgabenerledigung nicht zu Überraschungen führt. Diese elementare, intensive Auseinandersetzung mit allen Sachverhalten auf allen Hierarchieebenen ist für Europäer und besonders für Amerikaner anstrengend, aber unbedingte Voraussetzung für die Umsetzung von Projekten und Aufgaben. Das gemeinsame Arbeiten an der Sache steht also im Vordergrund.

Somit ist die personelle Besetzung der Funktionen und Arbeitsplätze bei einem Engagement in China eine der wichtigsten Entscheidungen. Das gilt für das Management wie auch für Produktion, Vertrieb und Verwaltung. Gerade in einem ungewohnten Umfeld sind exzellente Mitarbeiter vor Ort notwendig, die neben der Erfüllung der sachlichen Anforderungen in der Lage sind, mit den Lebensbedingungen, der Sprache und den Verhaltensweisen umzugehen und sich darauf einzustellen. Chinas Managementressourcen sind häufig von den angesprochenen traditionellen Verhaltensweisen dominiert. Den vorhandenen Kräften mangelt es aus unserer Sicht häufig an zeitgemäßer Qualifikation, den Senioren an der Methodik und den jüngeren Kräften – trotz bester Ausbildung – an Erfahrung. Selbst wenn Führungskräfte im Zuge der Liberalisierung und marktwirtschaftlichen Ausrichtung westliche Managementtechniken kennen lernen, sind Verhaltensweisen aus der sozialistischen Hochphase weit verbreitet. Es herrscht vielfach Angst vor Risiko und Entscheidungen, auch deshalb, weil die Kompetenzverflechtung mit Behörden und Partei noch Bestand hat. Die Vernachlässigung von Innovation und Qualitätsverbesserung sowie langfristiger Wachstumsziele sind häufig Schwachstellen chinesischer Manager.

Neben dem Gruppengedanken sind noch die Beziehungsnetzwerke ein fester Bestandteil der chinesischen Kultur. Diese Netzwerke (Guanxi) werden durch Gefälligkeiten, Freundschaften, Kollegenschaft und Mitgliedschaften geknüpft und halten über Generationen oder auch über Kontinente, wenn man die vielen Auslandschinesen betrachtet. Somit bildet Guanxi das Rückgrat des gesellschaftlichen Lebens ebenso wie das des Geschäftslebens.

Besonders anspruchsvoll für die Europäer ist es, in der Anfangsphase eine gute Vertrauensbasis und Akzeptanz für effektives Arbeiten aufzubauen. Mit den Sprachbarrieren sind einer Durchdringung aller Ebenen rasch Grenzen gesetzt. Wenn die Vertrauensbasis einmal aufgebaut ist, gilt es, den persönlichen Führungs- und Managementstil mit viel Fingerspitzengefühl an die lokalen Unterschiede und Besonderheiten anzupassen. Delegation und Teamwork werden in China anders wahrgenommen als in Europa. Der Führungsstil ist klar autoritär determiniert. Dies führt zu einer stärkeren Delegation von Entscheidungen nach oben und so landen gerne auch kleinste Themen auf dem Schreibtisch des mittleren und oberen Managements, das sich dann mit „Mikromanagement" zu beschäftigen hat. Zusätzlich besteht die Tendenz, sich nur für den eigenen Bereich zuständig zu fühlen. Für Vorgänge im unmittelbaren Einflussbereich wird dennoch Verantwortung übernommen. Eine übergreifende Denkweise und das Handeln in zusammenhängenden Prozessen ist eher mangelhaft. Dem gegenüber steht ein hohes Maß an Improvisation und Aktionismus.

Durch Initiative werden Projekte und Aufgaben in einer schier unvorstellbaren Geschwindigkeit erledigt, wodurch allerdings Genauigkeit im Detail häufig auf der Strecke bleibt und man der perfekten Ausführung weniger Bedeutung schenkt. Sieht man von vielen Unzulänglichkeiten der von uns gewohnten Arbeitserledigung ab, ist erfreulich, wie viel in kurzer Zeit mit chinesischen Prinzipien erreicht werden kann.

Neben den grundlegenden Verhaltensweisen der Chinesen ist noch die explizite Sicht auf Japan sinnvoll, um eine weitere Fassette einer Managementphilosophie zu betrachten.

Ausgewählte Verhaltensmuster der Japaner im Business

Wir gehen von den zwischenmenschlichen Beziehungen der Japaner aus, die im Wesentlichen durch drei Kategorien bestimmt sind:

- Das beziehungslose Verhältnis als ein Verhältnis zwischen Unbekannten. Das Verhalten ist indifferent und wenig zuvorkommend, beinahe unhöflich.
- Das Vertrauensverhältnis – Wenn sich Japaner kennen lernen, so wird dieses Verhältnis von dem Bewusstsein der moralischen Verpflichtung, dem zentralen Punkt der zwischenmenschlichen Beziehung in Japan, getragen. Der gute Wille um das Verhältnis wird durch regelmäßige gegenseitige Geschenke gezeigt.
- Das freundschaftliche Verhältnis als eine Weiterentwicklung des Vertrauensverhältnisses. Diese enge freundschaftliche Verbindung ist so fest, dass sie auch nicht durch ein Fehlverhalten des Partners erschüttert werden kann.

Ein weiterer grundlegender Wesenszug des Japaners, der auch seine Managementphilosophie prägt, ist Anpassungsfähigkeit. Einschränkend muss jedoch festgestellt werden, dass diese Anpassungsfähigkeit nur innerhalb der Gruppe auftritt und der Japaner gegenüber fremden Personen eher improvisationsunfähig erscheint. Die Japaner agieren innerhalb des Betriebes im Gegensatz zu Europäern und Amerikanern eher wenig situationsbedingt und erhalten somit eine geringere Handlungsflexibilität, die sich zuweilen als stur nach Regeln handelnd zeigt.

Die Besonderheit im Zielsystem der Unternehmen ist, dass diese als eine Arbeitsgemeinschaft interpretiert werden, die durch harmonische menschliche Beziehungen zusammengehalten wird. Besonders betont wird die Verpflichtung der Unternehmen gegenüber den Mitarbeitern und der Gesellschaft.

Um diese Verpflichtungen erfüllen zu können, kommt dann nach dieser Ideologie auch der Geschäftserfolg. Die zunehmende Konkurrenz hat aber auch bewirkt, dass Profit oft an erster Stelle in der Firmenideologie steht. Bei der Durchsetzung von Zielvorstellungen wird stark auf das Rang- und Senioritätsbewusstsein Bezug genommen. Es wird also den Entscheidungen der Seniormanager ein größeres Gewicht beigemessen. Steigendes Ansehen der Firma in der Gesellschaft steht an vorderster Stelle im Zielkatalog, da das persönliche Ansehen des Japaners ja auch davon abhängig ist, in welcher Firma er tätig ist.

Zu den wichtigsten Führungsaufgaben eines Vorgesetzten zählt die Erhaltung der Harmonie. Dazu ist es notwendig, dass die zwischenmenschlichen Beziehungen über den betrieblichen Rahmen hinausgehen und tief in die Privatsphäre eindringen. In westlichen Industrienationen sind im Gegensatz dazu solche Beziehungen als eher gefühlsneutral und funktionsorientiert anzusehen.

Die Managementprinzipien und die Formen der Beschlussfindung unterscheiden sich von denen westlicher Nationen sehr wesentlich und sind von folgenden Faktoren beeinflusst:

- Die Organisation japanischer Firmen, die oberflächlich gesehen die Erleichterung horizontaler und vertikaler Kommunikation betont
- Der verhältnismäßig hohe Grad an Homogenität unter den Angestellten
- Die Praxis der Job-Rotation sorgt dafür, dass sich das Führungspersonal zu Generalisten statt Spezialisten entwickelt

- Die Bewertungspraxis, die größeres Gewicht auf Erfahrung und persönliche Entwicklung im Kontext des Unternehmens legt als auf Spezialistentum
- Die Betonung der Bedeutung gegenseitigen Vertrauens und ständiger Kooperation

Ein Organisationsschema eines japanischen Unternehmens unterscheidet sich von dem eines amerikanischen oder europäischen Unternehmens nur durch die Einbeziehung von Informationskanälen, um den Informationseinfluss zu erleichtern. Mehrere Typen von Kanälen sind zu unterscheiden:

Der Informationsfluss, der von der Angestelltenebene über das mittlere Management zum Top-Management geht, und der Informationsfluss, der, wie in fast allen anderen Unternehmen üblich, die Informationen und Anweisungen von der Führungsspitze in der Hierarchie nach unten leitet.

Zu diesen Informationskanälen kommen noch jene, die der Übermittlung aktueller Informationen über Mitarbeiter dienen, die man über das Verkaufspersonal erhält sowie ein Vorschlagswesen, das viele japanische Firmen ausgeprägt unterhalten. Vertreterinformationen über Mitbewerber werden in häufig stattfindenden Konferenzen zwischen unterem und mittlerem Management gesammelt, bewertet und rasch an das obere Management weitergeleitet.

Ein formeller Informationskanal, der früher im Ausland die größte Aufmerksamkeit auf sich lenkte, ist das Qualitätskontrollsystem, welches durch folgende Funktionen gekennzeichnet ist:

- Einen bestmöglichen Informationsfluss von den Produktionseben zu vermitteln,
- Qualitätskontrollgruppen mit entsprechender kontrollspezifischer

und technischer Hilfe zu versehen, damit sie erfolgreich ihre Probleme lösen können und

- Konflikte und Kompetenzunklarheiten in den verschiedenen Stufen des Unternehmens zu verhindern, also Prozessdenken.

Verschiedenen Unternehmenstheorien in der Literatur zufolge führt die Schaffung paralleler Informationskanäle zu internen Konflikten. Nach der Auffassung japanischer Unternehmen ist der Kanal für Qualitätskontrolle zur Förderung der Mitarbeit und des Interesses aller deshalb notwendig, weil er paradoxerweise Konflikte verhindern hilft.

Aufgrund der lebenslangen Beschäftigung nimmt bei verlangsamtem Wachstum des Unternehmens das Durchschnittsalter der Belegschaft zu. Das Senioritätsprinzip, wonach Löhne und Gehälter nach geleisteten Dienstjahren steigen, bedingt erhöhte Lohnkosten. Nach Wirtschaftskrisen sehen sich japanische Unternehmen großen Schwierigkeiten gegenüber und dennoch ist es fast ausgeschlossen, dass wesentliche Veränderungen durchgeführt werden. Lediglich gewisse Anpassungsprozesse werden sich weiter vollziehen, um die weiter steigende Internationalisierung der japanischen Unternehmen zu gestalten.

Das wesentlich größere Problem stellt allerdings der Wandel der Wert- und Zielvorstellungen der jungen Generation dar. Individualismus, fehlendes Nationalbewusstsein, andere Vorstellungen von Geld und ein auch materiell bestimmtes Geistesleben sind einige Faktoren, mit denen sich die japanische Unternehmensführung konfrontiert sieht.

Wer Zukunft haben will, muss sie rechtzeitig gestalten!

LAbg.Gem.R. KommR Dr. Fritz Aichinger, Obmann der Sparte
Handel der Wirtschaftskammer Wien

Eine bedeutende Rolle spielt auch die Art und Weise, wie sich im Unternehmen das Managment bildet. In Japan ist es unmöglich, Stufen innerhalb der Karriereleiter zu überspringen. In den USA ist dieser Trend vorherrschend, welcher dem Spezialistentum entspricht. Die folgende Abbildung zeigt diesen Zusammenhang.

Beteiligung/Einflussnahme der Führungskräfte am Unternehmensgeschehen in Asien, Europa, USA

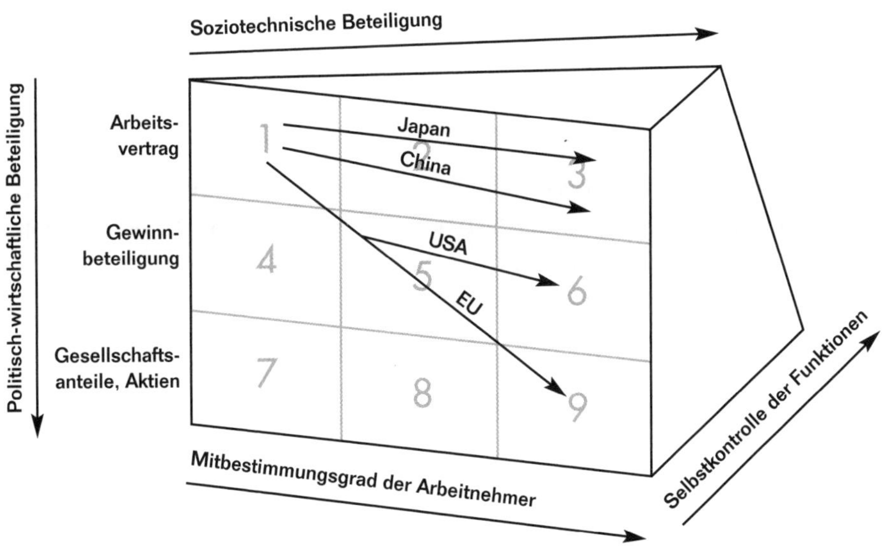

Asiatische Manager im Ausland

Die Leitmotive japanischer Manager werden aus den Formeln shintoistischer, klassisch chinesischer, buddhistischer, aber auch westlicher Philosophie entlehnt und animieren Manager und Mitarbeiter zu Wagemut, Geduld, Harmoniestreben, Opferbereitschaft und harter Arbeit, vor allem aber zu positivem Denken. Japanische Manager brauchen die Kommunikation in der Gruppe. Wird zum Beispiel ein Mann aus einem japanischen Unternehmen zum Aufbau einer neuen Niederlassung nach London, New York oder sonst wohin geschickt, versucht er in den meisten Fällen, nach und nach Landsleute anzufordern, bis er wieder eine Gruppe um sich hat. Die zweite Garde der Führungsschicht wird so in vielen Fällen auch von Japanern besetzt und deshalb ist es für europäische oder amerikanische Manager schwer, in Spitzenpositionen zu kommen.

Für die Exportstrategien Japans an der Front ist typisch, dass auch hier die fernöstliche Spielart der Job-Rotation auftritt und so ein Mann, der heute im Verkauf tätig ist, morgen ganz woanders in der Forschung oder im Finanzwesen eingesetzt wird.

Nachfolgend ein Überblick über interkulturelle Managementunterschiede im Direktvergleich Asien, Europa, USA.

Interkulturelle Managementunterschiede

Schlüsselkriterien	Asien	Europa	USA
1. Geschäftsorientierung	Regional – global langfristiges Wachstum	Global langfristiges Wachstum	Inland, kurzfristige Ausrichtung
2. Geschäftsziel	Marktanteil im Heimmarkt und global	Marktanteil im Heimmarkt und global	Quartalsgewinn
3. Managementstil	Hierarchische Führung, Gruppengedanke	Kooperativ mit Zielvereinbarung qualitativ und quantitativ	Geringe Effizienz, kollegiale Zielvereinbarung quantitativ
4. Führungspositionen	Interne Besetzung und aus den Netzwerken	Interne Besetzung bevorzugt, aber auch externe üblich	Besetzung von außen, häufige Wechsel
5. Interne Kontrolle	Exakte Regeln und Vorgaben, genaue Kontrolle	Reporting und Kontrolle der Zielvereinbarung	Zielvereinbarung eher quantitativ und genaue Regeln

Der Kapitalmarkt in ASIA/Pacific, China

Die beiden Börsen in Shanghai und Shenzen haben nahezu 1.400 Aktien gelistet. Ausländische Anleger können aktuell in 113 B-Aktien investieren. Weitere Anteilsscheine werden in Hongkong gehandelt. Hongkong hat sich durch das Anfang 2004 vereinbarte Freihandelsabkommen einen präferenziellen Zugang zu Chinas Märkten gesichert und hat damit wesentlich bessere Bedingungen als die Wettbewerber aus Übersee. Dank China wird sich Hongkong zur wichtigsten Geschäftsmetropole der Welt entfalten.

Viele Wertpapierhäuser wollen in das profitable Fondsgeschäft einsteigen. Rund 20 Gemeinschaftsunternehmen von chinesischen Banken und ausländischen Asset-Managern sind in diesem Bereich aktiv. Die Investmentkultur ist gegenüber Europa und den USA noch ganz anders gelagert. Neue Fonds werden oft wie Aktien behandelt. Nach frühen Kursgewinnen werden die Anteile oft rasch verkauft.

Die asiatisch-pazifischen Länder werden in den nächsten Jahrzehnten immer mehr Anlegergeld anziehen. Die Bedeutung Westeuropas wird dagegen abnehmen. Die demografische Entwicklung und der Umbau der Rentensysteme in Westeuropa erfordern eine Streuung der Anlagen, um auf Dauer die notwendigen Renditen zu erzielen. Neben den erwarteten höheren Renditen für chinesische Aktien im weltweiten Vergleich verspricht die Währung in China auch Wechselkursgewinne. Risiken, die das Wachstum des chinesischen Kapitalmarktes hemmen können, sind das langsamere Konsumwachstum in den USA, der rapide Anstieg der ohnehin schon hohen Rohölpreise und ein Einbruch des Wirtschaftswachstums in China.

Die Regierung in China versucht, die Vergabe von Krediten zu drosseln, um ihr langfristiges Wachstumsziel von 7 bis 8 % im Vergleich zu derzeitigen mehr als 9 % zu erreichen.

China wird zunächst nicht Mitglied der Gruppe G-7. Der Dialog wird aber fortgesetzt mit dem Ziel, im Sinne der Weltwirtschaft ein Gruppenmitglied zu werden.

In den 70er-Jahren konnte die Gruppe mit Konjunkturprogrammen in Europa und den USA die Weltwirtschaft ankurbeln. Der hohe Ölpreis und das US-Leistungsbilanzdefizit sind ohne eine Währungsanbindung Chinas kaum lösbar; das wohl größte Konjunkturrisiko für die Weltwirtschaft, was für China einen Abschwung und für Japan das Ende der Erholung bedeuten könnte. Mittelfristiges Ziel ist deshalb, dass das Wechselkurssystem Chinas flexibler werden muss.

Sind China und Indien innovativer als Europa und die USA?

Europa hat zum Ziel, bis 2010 zur dynamischsten und innovativsten Region der Welt zu werden. Angesichts aktueller Entwicklungen könnte Europa aber weiter hinter den USA und Japan und womöglich auch China zurückfallen. China verfügt heute über 750.000 Wissenschaftler und bildet jährlich 200.000 Ingenieure aus. China und Indien entlassen jährlich rund zwei Millionen Hochschulabsolventen.

In einem Innovationsranking auf Basis von elf Indikatoren liegen die USA in fast allen Parametern vor Europa. Dieser Vorsprung basiert vor allem auf der größeren Risikofreude, dem mächtigen Venture-Capital-Markt, dem flexiblen Arbeitsmarkt und den vielen Technologiesparten, Universitäten, Forschungszentren und Hightech-Unternehmen, ergänzt um die Effekte aus dem Rüstungssektor.

Europa muss hier sowohl Risikobereitschaft als auch Ausgaben stark forcieren. Alle übrigen Faktoren sprechen ohnehin, wie bereits an voriger Stelle erwähnt, für Europa.

Guaranteed To Keep You Dry
GORE-TEX fabrics
IT'S A GREAT DAY
WENN DIE TEMPERATUR UNTER MINUS 20 GRAD SINKT, STEHT ALLES STILL. NICHTS BEWEGT SICH UND MAN HÖRT KEINEN LAUT. ES IST, ALS OB DIE WELT DEN ATEM ANHÄLT. ES IST WUNDERSCHÖN.
gore-tex.com
GORE
GORE-TEX®, GORE-TEX® GUARANTEED TO KEEP YOU DRY®, GORE® und Bildzeichen sind Marken von W.L. Gore & Associates.

Zusammenfassung

Die Entwicklung von neuen Produkten und Fertigungsprozesstechnologien findet weltweit verteilt in „Centers of Competence“ statt. Hier besteht keine Beschränkung auf einfache Produkte, Baugruppen oder Systemteile, sondern sind vielfach komplexe und technologisch anspruchsvolle Teile der Wertschöpfungskette gegeben. Dies führt zur optimierten Nutzung der jeweiligen lokalen Ressourcen und zu Kosten- und Effizienzgewinnen.

Mit einer optimierten Wertschöpfungskette und -struktur vom Design bis zum Service lassen sich für europäische Hersteller hervorragende Strategien für eine nachhaltige globale Ausrichtung gestalten. Für Deutschland gelten derzeit 78 % Export innerhalb der EU und 22 % auf internationalen Märkten. Folglich ist ein hervorragendes Potenzial für die weitere Internationalisierung gegeben! Wenn die chinesischen Anbieter in die Sättigungsphase (fünf bis zehn Jahre!) am Heimmarkt gelangen, werden sie durch eine gleichartige Strategie, wie sie nun die Europäer und Amerikaner anwenden, die Märkte in Europa und den USA durch Direktinvestments erobern. Zielobjekte sind dann jene Unternehmungen, die ihre Kunden in den jeweiligen Heimmärkten jahrelang aufgebaut haben, aber mangels eigener Erneuerung und der zwischenzeitlich eingetretenen Ertragsschwäche ideal in das Portfolio von asiatisch-chinesischen Unternehmen und Konzernen passen. Die Asiaten haben dann nicht nur den Gesamtkostenvorteil, sondern auch gleichzeitig den Markt. Daraus folgt, dass die Gegenwelle aus China, Indien, Thailand und Asia Pacific in Europa und den USA rasch einsetzen wird, und in fünf bis zehn Jahren sich auch diese Unternehmungen zu Global Playern entwickeln werden. Diese ganz natürliche und logische Entwicklung wurde in den 80er-Jahren von der japanischen Autoindustrie eindrucksvoll vorgeführt und wir erleben mit dem Erfolg des Mischkonzerns Samsung eine weitere

Demonstration dieser Strategie. Langfristig werden also die europäischen Unternehmen mit internationaler Ausrichtung nur dann erfolgreich sein können, wenn sie geschickt die Wertschöpfungskette optimieren und eine starke Stellung in den jeweiligen Märkten erreichen. Es ist also Zeit, durch wohl überlegte Strategien und Pioniergeist die Herausforderungen von global vernetzten Industrie- und Dienstleistungssektoren anzunehmen und die Managementphilosophie, die Unternehmungen, die Produkte und die Leistungen danach auszurichten.

20 Strategieempfehlungen für zukunftsorientierte Unternehmen inkl. Beispiele aus der Praxis

Strategiethesen
KISS- & News-Strategie
Begeisterungsstrategie
Uptrading-Strategie
Top-down-Strategie
Innovationsstrategie
Risikostreuungsstrategie
Diversifikationsstrategie
Marktdurchdringungsstrategie
Markterweiterungsstrategie
Portfoliostrategie

Die KISS- & News-Strategie

„Keep it simple and short", ist eine Strategie, die den Bedürfnissen der Kunden ideal entspricht und durch die dritte Dimension, den additiven Neuheitscharakter, aufgewertet wird. Zeit ist neben der Gesundheit das wichtigste Gut eines Menschen. Nachdem die Zeit das einzige Gut ist, das nicht lagerungsfähig ist, sind Marketingstrategien Erfolg versprechend, die den Kunden Zeit sparen helfen bzw. Zeitraub verhindern. Der Anspruch der Kunden, dass das Business sowohl im B2B- als auch im B2C-Bereich stromlinienförmig abwickelbar sein muss, ist eine conditio sine qua non für erfolgreiche Unternehmungen.

Zu toppen ist diese Strategie durch Neuheiten, die das Unternehmen in Zwei- bzw. Vier-Wochen-Rhythmen anbietet. Besonders erfolgreich ist die KISS- & News-Strategie im B2B- und im Endverbraucherbereich bei Produkten bzw. Dienstleistungen mit einem günstigen Preis-Leistungs-Verhältnis bzw. bei Produkten und Dienstleistungen des alltäglichen Bedarfs.

Beispiel

Tchibo ist nicht nur Marktführer für Kaffee in Deutschland mit einem Marktanteil von 27 %, sondern hat auch eine exzellente News-Strategie mithilfe des Zusatzgeschäftes entwickelt. Der erste Anreiz entspricht der KISS-Strategie. Man will einen Kaffee schnell genießen. Dies kann man in den 1.000 Tchibo-eigenen Läden, den 16.000 Verkaufsabteilungen und Bäckereien und in 32.000 weiteren Lebensmittelhandelsgeschäften. Die Zubehörprodukte werden nach dem Massengeschmack ausgewählt und zu Preisen angeboten, die Spontankäufe stimulieren. Das angestammte Geschäft von Tchibo, der Kaffeeverkauf, gerät dabei in den Hintergrund. Dies erklärt auch, warum die Preise von Tchibo-Kaffee um 10 bis 20 % höher sein können als die des Mitbewerbs und die Kunden den Kaffeepreis trotzdem als ähnlich attraktiv empfinden. Bereits heute erwirtschaftet Tchibo den Hauptteil seines Jahresumsatzes von 3,3 Mrd. Euro nicht mehr mit Kaffeeprodukten, sondern über den Verkauf der Schnelldreherprodukte. Auch die Tchibo-Reisen entwickeln sich immer mehr zu einem Verkaufshit.

Die Begeisterungsstrategie

Nicht der zufriedene Kunde, sondern der begeisterte Kunde muss zukünftig im Zentrum der Marketingüberlegungen stehen.

In der Investitionsgüterbranche ist es zielführend, die Kunden, die einmal gekauft haben und verständlicherweise längere Zeit keinen Bedarf mehr haben, zu „Fans" des Unternehmens zu machen. Hat sich beispielsweise ein privater Kunde von einem Tischler ein neues Schlafzimmer gekauft, wird der nächste Bedarf im Durchschnitt in weiteren fünf bis zehn Jahren im Rahmen einer Neueinrichtung einer anderen Räumlichkeit wieder gegeben sein. Ähnliche Zeithorizonte und Verhaltensmuster gelten bei Investitionen von Klein- und Mittelbetrieben, wenn sie zum Beispiel eine Maschine neu kaufen.

Die Königsaufgabe heißt daher: Welche Methoden setzt das Unternehmen ein, seine Kunden für den „Fanclub" zu gewinnen, damit sie mit Begeisterung ihre Geschäftspartner weiterempfehlen?

Studien zeigen, dass 30 bis 50 Prozent des Jahresumsatzes, den ein Unternehmen erwirtschaftet, durch Empfehlung und Mundpropaganda zu Stande kommen.

Unternehmen, die Produkte des alltäglichen Bedarfs anbieten bzw. eine hohe Kauffrequenz der selben Kunden haben, sollten in ihrer

Unternehmensführung zwei Fragestellungen kontinuierlich auf den Prüfstand stellen:

- Wann, wie oft und mit welchen Aktivitäten hat unser Unternehmen in den letzten zwölf Monaten unsere Kunden begeistert?
- Mit welchen Ideen, Ressourcen und wie oft wollen wir unsere Kunden im nächsten Jahr begeistern?

Faktum ist, dass begeisterte Kunden das Ergebnis einer erfolgreichen Unternehmensführung sind. Nachfolgend ein Example aus dem 19. Jahrhundert, wo ein auch noch heute bekanntes und hoch angesehenes Unternehmen Kundenbegeisterung mit Flexibilität in der Unternehmensstrategie kombiniert hat.

Neben dem Wissen bringt das Handeln eine Gesellschaft zum Fortschritt. Aufgabe und Pflicht von Entscheidungsträgern sollte sein, das vorhandene Wissen in nachhaltigen Taten umzusetzen. Erst dann schreiben Gestalter Geschichte.

Dr. Hanspeter Munter, MdL, Präsident der Wirtschaftskommission zum Südtiroler Landtag
Direktor des Südtiroler Landesverbandes der Handwerker (LVH) Südtirol

Beispiel

Im Jahr 1892 entschloss sich William Wrigley, mit 23 Dollar in der Geldbörse selbstständig zu machen. Er gründete in den USA einen Großhandel und begann mit dem Seifenverkauf. Um seine Kunden zu begeistern, gab er beim Kauf eines Pakets Seife eine Dose Backpulver gratis dazu. Diese Geschäftsidee war für diese Zeit eine Innovation, die Überraschung und Begeisterung bei den Kunden entfachte. Im Verlauf der Zeit zeigte sich, dass das Backpulver für die Kunden attraktiver war als das Produkt Seife.

Mr. Wrigley entschloss sich daher, ab sofort seinen Kunden Backpulver als Hauptprodukt anzubieten und gab wiederum ein Giveaway gratis dazu, nämlich einen Kaugummi. Es dauerte nicht lange, da zeigte sich, dass der Kaugummi aus der Sicht der Kunden wesentlich interessanter und attraktiver war als das Backpulver. William Wrigley wechselte das Geschäft nochmals und konzentrierte sich auf den Verkauf von Kaugummi.

Weitere Eckpfeiler in seiner Unternehmensstrategie waren beispielsweise die Versorgung der G.I. mit Wrigley-Kaugummi auf Auslandseinsätzen zu günstigsten Preisen. Eine ähnliche Strategie wählte auch Coca-Cola. Der Vorteil war der: Wenn die G.I. im Kriegseinsatz waren, gab es zwei Produkte, die die Soldaten mit innigstem Heimatgefühl verbanden, nämlich Wrigley-Kaugummi und Coca-Cola. Diese intrinsische Involvement- und Begeisterungsstrategie für das Produkt Wrigley, kombiniert mit kontinuierlichen Innovationen, haben dazu geführt, dass nunmehr seit über 120 Jahren dieses Unternehmen weltweit den Kaugummimarkt dominiert.

Die Uptrading-Strategie

Diese Strategie, die auch gerne als Bottom-up bezeichnet wird, ist dadurch charakterisiert, dass zu Beginn billige und imageschwache Produkte bzw. Angebotsformen sukzessive verbessert werden und somit in ihrem Ansehen und in der Positionierung eine erfreuliche Aufwärtsbewegung verzeichnen.

Beispiel

Ein sehr gelungenes Fallbeispiel ist das Uptrading von Skoda. Hier ist dem VW-Konzern insofern eine Meisterleistung gelungen, als diese

Drittmarke erfolgreich die Aufgabe vollzogen hat, die Billigkonkurrenz aus dem Fernen Osten zu bekämpfen. Gleichzeitig wurde durch eine exzellente Modellpolitik an der oberen Spitze mit dem „Octavia" ein Preis-Leistungs-Verhältnis hergestellt, das Skoda imagemäßig in die Markenwelt einbettete und Deutschland und Österreich in den Zulassungsstatistiken unter die Top 12 aufsteigen ließ.

Neuzulassungen Pkw/Kombi

Top 12 in Deutschland 2003

		absolut	Veränderung zum Vorjahr
1	VW	600.364	– 0,7
2	DaimlerCh	369.069	– 4,5
3	Opel	332.270	– 1,3
4	BMW	253.376	+ 0,9
5	Ford	235.026	– 11,2
6	Audi	232.315	– 1,1
7	Renault	204.023	+ 2,2
8	Peugeot	123.791	+ 14,0
9	Toyota	110.200	+ 6,7
10	Fiat	88.530	– 15,2
11	Skoda	87.402	+ 10,7
12	Mazda	73.830	+ 8,8
Insgesamt		3,236.938	– 0,5

Eine Uptrading-Strategie kann nur durch einen Marketingquantensprung und disziplinierte Arbeit in den wesentlichen Unternehmensbereichen erreicht werden.

Die Top-down-Strategie

Premiummarken und „Best-of"-Anbieter beginnen, sich strategisch mit abgeschlankten Produkten bzw. Dienstleistungen einen breiten Markt bzw. neue Zielgruppen zu eröffnen. Die Überlegung dabei ist, dass neben einem kommerziellen Wachstum das frühzeitigere Heranziehen von neuen Zielgruppen an das jeweilige Unternehmen erreicht werden soll. Direkt damit verbunden ist das Gewinnen von neuen Zielgruppen. Gerade in der Automobilbranche hat man erkannt, dass Nobelmarken wie Mercedes, BMW oder Audi eine Modellpolitik brauchen, die auch der jüngeren Käuferschicht mit noch schmalen Geldbörsen einen frühzeitigen Einstieg in die Premiummarkenwelt eröffnet.

Top-down-Strategie in der Autobranche

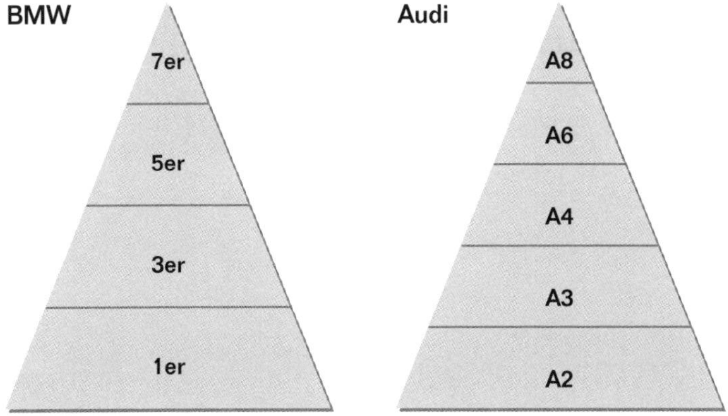

Mit dieser erweiterten Modellpolitik eröffnen sich auch Gestaltungsmöglichkeiten, die beispielsweise alternative und innovative Antriebstechniken leichter umsetzen lassen.

Die Top-down-Strategie gibt es auch bei Elite-Sportarten. Zu Beginn ist diese Art der Freizeitbeschäftigung einer kleinen, sehr kaufkräftigen und meinungsführenden Zielgruppe exklusiv zugänglich. Innerhalb von zehn Jahren entwickelt sich der Elite-Sport im Sinne einer Top-down-Strategie zum Massensport. Beispiele dazu sind Tennis und Golf.

Ähnliche Top-down-Strategien sind unter anderem auch derzeit bei Nobelmarken in der Textilbranche zu beobachten. So werden beispielsweise Hugo-Boss-Sweater bzw. -Shirts der jungen Zielgruppe angeboten, um dieser sehr frühzeitig und auch mit einem leistbaren Geldeinsatz den Eintritt in die begehrte Markenwelt zu ermöglichen. Immer mehr Premiummarken fächern ihre Angebotspalette nach unten auf, um so Umsatzzuwächse und neue Zielgruppen zu erreichen.

Verantwortungsvolles Unternehmertum bedeutet eine Gratwanderung zwischen notwendigem Risiko durch Innovation und Nachhaltigkeit – zum Wohle der Mitarbeiter und Kunden sowie der nächsten Unternehmergeneration.

Herbert Adelsberger, Geschäftsführer, Modehaus Adelsberger, St. Johann/Pongau

Die Innovations-Wachstums-Strategie

Die Entwicklung von Innovationen und ihre erfolgreiche Einführung am Markt sind ein absolutes Muss für jedes Unternehmen, das das Ziel hat, mittel- und langfristig erfolgreich zu sein. Eine Innovation liegt dann vor, wenn sie aus der Sicht der Kunden als solche beurteilt wird. Die firmenintrinsische Betrachtung und Beurteilung allein, ob eine Innovation vorliegt, reicht dazu nicht aus.

Als Benchmark sollen dazu wiederum nur die besten Unternehmen dienen, die eine wertvolle Orientierungshilfe für die Praxis und für alle innovationsbereiten Betriebe darstellen.

Benchmark 1

Ein Unternehmen sollte jährlich mindestens 7 % seines Umsatzes mit Produkten erwirtschaften, die es ein Jahr davor im Unternehmen noch nicht gab.

Benchmark 2

Erfolgreiche Unternehmen erzielen 30 % ihres Umsatzes mit Produkten, die in den letzten drei Jahren als Innovationen am Markt eingeführt worden sind.

Benchmark 3

Von drei Innovationen, die ein Unternehmen im Durchschnitt am Markt einführt, funktioniert eine Innovation, zwei floppen. Um dieses Risiko zu minimieren, empfiehlt das Institut für Marketing und Trendanalysen vor Markteinführung einer Innovation, diese auf den Trend- und Marketingprüfstand zu stellen. Des Weiteren ist es unerlässlich, firmenintern eine Innovationskultur zuzulassen, die Erfolge belohnt und Flops zulässt, und diese als Chance sieht, eine außerordentliche Lernkurve im Unternehmen zu schaffen.

Beispiel

3M Scotch bringt pro Jahr 365 Innovationen weltweit auf den Markt – also im Durchschnitt täglich eine. Mit dieser Strategie zählt 3M Scotch seit Jahren zu den Top-Ten-Unternehmungen in den USA und erwirtschaftet 10 % Profit vom Umsatz.

Die Risikostreuungsstrategie

Ein Unternehmen sollte maximal 10 % Umsatzanteil mit einem Kunden erwirtschaften. Im Produkt-, Sortiments- bzw. Dienstleistungsbereich sollte ein Betrieb maximal 25 % des Jahresumsatzes mit einem Produkt bzw. einer Warengruppe oder Dienstleistung erzielen.

Die Messlatte im Rahmen der Risikostreuung in der Kundenverteilung ist aufgrund der dynamischen Marktentwicklung besonders streng anzulegen. Sowohl im Produkt- als auch im Dienstleistungsbereich ist eine konsequente Innovationsstrategie meist unerlässlich, zumal die Lebenszyklen tendenziell kürzer werden.

Im Jahr 2015 werden 80 % der Produkte neu sein und nur mehr 20 % der Produkte aus dem Jahr 2005 existieren.

Die Diversifikationsstrategie

Darunter versteht man, dass ein Unternehmen mit einem gänzlich neuen Produkt neue und unbekannte Märkte akquiriert. Hier handelt es sich um eine „High-Risc"-Strategie, die Floprate liegt bei 98 %. Die zwei Prozent der Unternehmen, die erfolgreich sind, verzeichnen jedoch meist bahnbrechende Entwicklungen und werden gerne in der Öffentlichkeit als Wirtschaftshelden dargestellt.

Beispiel

Die wohl bekannteste Erfolgsstory im Rahmen der Diversifikationsstrategie heißt Red Bull. Hier wurde ein neues Segment im Getränkemarkt eröffnet, das als Energy-Drink neu positioniert wurde. Sowohl das Produkt Red Bull als auch die Märkte, auf denen das Produkt eingeführt werden sollte, waren für das österreichische Unternehmen neu. Durch ein exzellentes Marketing mit einer High-Risc-Bereitschaft wurde ein einzigartiger Erfolgspfad eröffnet, der das Unternehmen 2002 rund 1,1 Mrd. Euro Umsatz und 550 Millionen Euro Gewinn erwirtschaften ließ. Das Unternehmen investierte primär in Marketingaktivitäten, nicht jedoch in Immobilien bzw. Produktionsanlagen. Der Energy-Drink wird lohngefertigt von Dritten abgefüllt.

Resümierend und realistisch betrachtet, ist vor einer Diversifikationsstrategie aufgrund des enormen Floprisikos zu warnen, wenngleich all jene wenigen Firmen, die zu den erfolgreichen Diversifizierern zählen, exzellente Ergebnisse erwirtschaften.

Die Marktdurchdringungsstrategie

Hier versucht das Unternehmen, mit den bestehenden Produkten bzw. Geschäften den vorhandenen Markt intensiv auszuschöpfen. Bei dieser Strategie werden der Erfolg und die Aufwendungen in der Marktbearbeitung sehr stark von der Markttypologie beeinflusst.

Handelt es sich um einen bestehenden Markt, der wächst, kann auch ohne Marktanteilsgewinn von der Konkurrenz ein wirtschaftliches Wachstum realisiert werden. Als wachsende Märkte werden solche definiert, die wertmäßig ein Plus gegenüber dem Vorjahr von 1 bis 9,9 % erzielen. Umsatz- und Gewinnwachstum kann im Rahmen der Marktdurchdringungsstrategie leicht auch in boomenden Märkten erzielt werden. Ein boomender Markt ist dann gegeben, wenn dieser wertmäßig gegenüber dem Vorjahr um 10 % oder mehr wächst. Nachdem boomende und wachsende Märkte ab 2010 in Deutschland und Österreich tendenziell wieder öfter auftreten werden, die Wirtschaft aber mehrheitlich bis 2009 noch immer mit stagnierenden Märkten – das sind jene, die sich um –1 % bis +1 % gegenüber dem Vorjahr wertmäßig verändern – zu kämpfen hat, ist eine Marktdurchdringungsstrategie nur dann erfolgreich umsetzbar, wenn das Unternehmen in der Lage ist, der Konkurrenz additiv Marktanteile wegzunehmen.

Im vierten Markttyp, den rückläufigen Märkten, ist ein Wachstum für ein Unternehmen nahezu unmöglich, es sei denn, die anderen Marktteilnehmer ziehen sich aus dem Markt zurück.

Ein wesentlicher qualitativer Faktor im Rahmen der Marktdurchdringungsstrategie ist additiv zu berücksichtigen. Nämlich die Frage, ob ein Unternehmen aus der Sicht der Kunden in einer eleganten bzw. attraktiven Branche tätig ist, oder ob es in einer uneleganten/unattraktiven Branche aktiv ist. Nachfolgend finden Sie die kausalen Zusammenhänge, die wirtschaftliches Wachstum im Rahmen der Marktdurchdringungsstrategie realistisch oder unmöglich erscheinen lassen.

Der Zusammenhang zwischen Marktdurchdringungsstrategie – Markttypen – Attraktivität der Branchen und Wachstumschancen

Rang	Strategieart	Markttyp	Art der Branche	Wachstum
1.	Marktdurchdringungsstrategie	wachsend	attraktiv/elegant	sehr groß
2.	Marktdurchdringungsstrategie	boomend	attraktiv/elegant	sehr groß
3.	Marktdurchdringungsstrategie	boomend	wenig attraktiv/elegant	groß
4.	Marktdurchdringungsstrategie	wachsend	wenig attraktiv/elegant	mittel
5.	Marktdurchdringungsstrategie	stagnierend	attraktiv	gering
6.	Marktdurchdringungsstrategie	stagnierend	unattraktiv	sehr gering
7.	Marktdurchdringungsstrategie	rückläufig	attraktiv	sehr gering
8.	Marktdurchdringungsstrategie	rückläufig	unattraktiv	unmöglich

Die ersten drei Marktdurchdringungsstrategien zählen zu den erfolgversprechendsten. Attraktive bzw. elegante Branchen zeichnen sich durch ein hohes Kundeninteresse aus. Die Marktteilnehmer sind von der diesbezüglichen Branche begeistert, hier dabei zu sein ist ein „must have". Beispiele für attraktive Branchen sind die Handy- oder die Gaming-Branche, wenig attraktive sind zum Beispiel die Weißwarenbranche, also die Haushaltsgeräte in allen Einsatzbereichen, oder die Müll- und Recyclingbranche im Besonderen.

Die Markterweiterungsstrategie

Wenn ein Unternehmen mit seinen bestehenden Produkten bzw. Dienstleistungen konsequent auf neuen Märkte expandiert, liegt eine Markterweiterungsstrategie vor. Im B2B-Bereich wird durch eine gezielte Akquisitionspolitik von neuen Zielgruppen oftmals auch eine Markterweiterungsstrategie umgesetzt.

Weltmeister in einer globalen Markterweiterungsstrategie sind US-Unternehmen, die durch eine intensive Distribution in allen Ländern dieser Erde das gleiche Produkt bzw. die gleiche Dienstleistung anbieten. Coca-Cola, McDonald's, 3M Scotch sind dafür nur drei bekannte Beispiele.

Deutsche und europäische Unternehmen haben hier in einer globalen Markterweiterungsstrategie noch enorme Wachstumspfade vor sich, zumal die Exportquote von deutschen Betrieben noch immer bei 75 % innerhalb der europäischen Union liegt.

Deutsche, österreichische und holländische Unternehmen werden in den nächsten zehn Jahren das größte Wachstum mehrheitlich aus den osteuropäischen Staaten realisieren und hier vorwiegend aus Polen,

Tschechien, Ungarn, Rumänien und Bulgarien sowie aus der Slowakei und Slowenien.

Die Expansion der OMV in Rumänien, die das größte Tankstellennetz in diesem neuen Wachstumsmarkt der Zukunft gekauft hat, ist ebenso beispielhaft wie die Markterweiterungsstrategie der deutschen und österreichischen Banken in Osteuropa inklusive Russland.

Hier gilt, dass ein sicherer Partner im Finanz- und Zahlungsverkehr wichtiger ist, als eine Niedrigst- bzw. Bestkondition in der Fremdfinanzierung oder auch bei der Vermögensanlage.

Der positive Multiplikatoreffekt, bestehende Produkte bzw. Dienstleistungen so oft wie möglich auf additiven Märkten bzw. bei neuen Zielgruppen einzuführen, macht diese Strategievariante so attraktiv. Die Gefahr dabei ist, dass eine notwendige Innovationsstrategie im Unternehmen zu stark unterbelichtet bleibt oder überhaupt vergessen wird. Ein Beispiel dazu ist Karstadt Quelle, die das Warenhausmodell über Jahrzehnte hindurch einer sehr erfolgreichen Markenerweiterungsstrategie, die durch ein mengenmäßiges Wachstum der Outlets gekennzeichnet war, zugeführt hat, jedoch das eigentliche Angebot des Waren- und Versandhandels mit zu wenig Innovationen versehen hat. Die Konsequenz ist, dass 50 % der Warenhäuser in eine eigene Gesellschaft ausgegliedert werden mussten, die wiederum primär die Aufgabe hat, diese Immobilien zu veräußern und 10.000 bis 30.000 Arbeitnehmer in den nächsten fünf Jahren abzubauen.

Wenn einem Unternehmen ein langfristiges Wettbewerbskonzept fehlt, ist sein Untergang nur noch eine Frage der Zeit.

Christian Klinger, Vorstand IFN-Holding AG, Traun

Bezug nehmend auf die EU-Osterweiterung sollte für expandierende Unternehmen durch die Markterweiterungsstrategie ein jährliches zusätzliches Umsatzwachstumspotenzial von 10 bis 20 % möglich sein. Wobei gilt, dass das Ertragswachstum wichtiger ist als der Umsatzzuwachs.

Die Portfoliostrategie

Das Institut für Marketing und Trendanalysen berät seit seinem Bestehen nicht nur internationale Konzerne, sondern auch viele KMUs. Insbesondere im Handwerksbereich zeigt sich, dass ein ausgewogenes Portfolio, also die richtige Verteilung der Geschäftsfelder bzw. der strategischen Geschäftseinheiten, sehr oft fehlt. Nachfolgend findet sich daher die Idealverteilung im Portfolio eines Unternehmens, welche unbedingt angestrebt werden sollte.

Portfolio-Idealverteilung nach Geschäftsfeldern

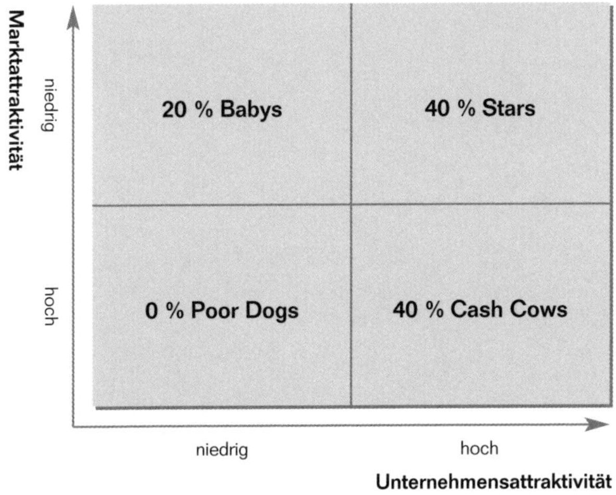

In den Analysen des Instituts für Marketing und Trendanalysen zeigt sich, dass im Durchschnitt folgende Portfolioverteilung im Handwerk Realität ist.

0–10 % der Geschäftsfelder stellen Babys dar, 10–20 % Stars, 50–60 % Cash Cows, 20 % Poor Dogs.

Aber auch bei international tätigen Unternehmen zeigt sich oft eine außerordentliche Dominanz von Cash Cows und ein Besorgnis erregendes Defizit bei den Babys und Stars.

Gerade die Produkte/Geschäftsfelder, die im Babysegment angesiedelt sind, stellen jedoch das Geschäft von morgen dar. Da es sich hier um Innovationen handelt, die sich in zwei bis drei Jahren zu Stars entwickeln sollen, ist eine Querfinanzierung der Babys durch die Cash Cows eine absolute Notwendigkeit.

Strategiethesen
Fun-und-Sense-Strategie
Neupositionierungsstrategie
Kooperationsstrategie
Cost-Cutting-Strategie
Massenmarktstrategie
Markenstrategie
Handelsmarkenstrategie
Discounterstrategie
Marktnischenstrategie
Tarn-, List- und Tückenstrategie

Die Fun-und-Sense-Strategie

Viele europäische Unternehmen neigen dazu, in ihrer Vermarktungsstrategie vorwiegend technisch rationale Argumente in den Vordergrund zu stellen. Features, die Spaß und Freude bereiten, werden in diesem Zusammenhang kaum oder überhaupt nicht in die Produkt- bzw. Dienstleistungspräsentation übernommen. Sehr viel können europäische Betriebe hier von den US-Companies lernen bzw. kopieren. Amerikanische Firmen sind weltweit führend, beispielsweise im Whirlpool- und Swimmingpoolbau. Dies jedoch nicht nur, weil Kalifornien und Florida mehr Sonnenstunden aufweisen können als Deutschland, Holland und Österreich, sondern auch, weil es in den USA eine conditio sine quanon ist, Features anzubieten, die eine Fun- und Showkomponente beinhalten und die den Kunden die Möglichkeit zur Selbstinszenierung und -darstellung bieten.

Beispiel

Die US-Swimmingpool- und Whirlpoolhersteller setzen neben hohen Hygiene- und Qualitätsstandards sehr stark auf Funkomponenten. Wassersprudel, Massagedüsen, Indoor- und Outdoorpool-Beleuchtungsanlagen mit Spezialeffekten, versenkbare Getränke- und Speisehalterungen, fernbedienbare Abdeckungsmechanismen sowie integrierte Sound- und Videocenter zählen zum Funstandard.

Europäische Unternehmen bauen in der Regel heute noch Swimmingpools, die zwar funktional sind, nämlich 8 x 4 Meter, jedoch finden sich Funkomponenten kaum oder gar nicht. Bedenkt man, dass mehr als 60 % der deutschen und österreichischen Staatsbürger einen ausgeprägten Spieltrieb haben, wobei hier kein kausaler Unterschied zwischen Mann und Frau erkennbar ist, lässt dies erahnen, wie wichtig Spaßkomponenten im Business sind.

Die erfolgreiche Szenegastronomie glänzt heute mit einem Barkeeper, der das Mixen von Cocktails zum Show- und Funereignis hochstilisiert. Disney-World in Florida plant und setzt das Fun- und Entertainmenterlebnis, das den Kunden dort geboten wird, nicht durch Zufall, sondern durch generalstabsmäßige Vorgehensweise um.

Faktum ist, dass insbesondere technisch orientierte Unternehmen ihre Produkte bzw. Dienstleistungen zu 100 % rational vermarkten möchten. Dies ist insofern falsch und verbesserungswürdig, als die Idealverteilung zwischen 30 % Fun- und 70 % Senseargumenten liegen sollte.

Die Neupositionierungsstrategie

Bis 2010 werden sich erfolgreiche Unternehmen am Markt neu positionieren müssen. Neben dem strategischen Grundsatz, dass die Stärken weiter gestärkt werden sollen, werden die kommenden Innovationsschübe in den meisten Branchen eine Neupositionierung unerlässlich machen.

Die jeweilige Neupositionierung wird dem Unternehmen einen positiven Quantensprung eröffnen. Das Ziel ist, eine Unverwechselbarkeit inklusive Einzigartigkeit in der Unternehmens-, Produkt- bzw. Dienstleistungsprofilierung zu schaffen. Zumindest soll diese für die nächsten zehn Jahre als wertvolle Marketingplattform dienen.

Beispiel

Der weltweit zweitgrößte Nahrungsmittelkonzern Nestlé aus der Schweiz will 2010 nur mehr neue Produkte auf den Markt bringen, die mit einem Gesundheitswert kombiniert sind. Nestlé will sich als

Wellnessfood-Company mit einem echten Gesundheitswertversprechen am Markt neu positionieren.

Neue Trends, Bedürfnisse und Wünsche erfordern die Bereitschaft und Fähigkeit der Betriebe, im B2C- und B2B-Bereich eine unique Neupositionierung einzuleiten und diese auch umzusetzen. Diejenigen, die sich diesem Trend und dieser Strategie verweigern, werden vom Markt bestraft bzw. eliminiert.

Die Kooperationsstrategie

Auch das weltweit größte Unternehmen kommt heute ohne Kooperationen nicht mehr aus. Folgende Erfolgsfaktoren werden bei Kooperationen auch in Zukunft besonders bedeutend sein:

- Die Philosophie der Win-to-win-Strategie ist ein absolutes Muss. Jeder Kooperationspartner muss durch die Kooperation gewinnen, falls nur ein einziger Partner zum Nullsummenspieler wird, ist die Zusammenarbeit zum Scheitern verurteilt.
- Die Zusammenarbeit der Kooperationspartner muss stromlinienförmig sein und auch so erfolgen. Gerade im B2B-Bereich ist eine systemkompatible Kommunikation meist über die neuen Medien eine unabdingbare Notwendigkeit.
- Handschlagqualität ist eine unerlässliche Voraussetzung für eine mittel- und langfristig erfolgreiche Kooperation. Der Trend zu „one page contracts“, die die Kooperation mit Handschlagqualität besiegeln, setzt sich in der Praxis weiter fort.
- Nicht nur immaterielle Effekte, sondern klare finanzielle Vorteile muss die Kooperation bringen. Dies kann zum einen durch massive Kosteneinsparungen passieren, zum anderen auch durch

Service-Fees, die höhere Provisionen bzw. Umsätze erwirtschaften lassen. Aufgrund des härter gewordenen Wettbewerbs werden in Zukunft Kooperationen nur dann Erfolg versprechend sein, wenn sie quantitativ wie auch qualitativ Profit erzielen und keine Zeit- und Ressourcenräuber sind.

- Der Schutz des Kern-Know-hows und der Kompetenz ist ebenso eine 100%ige Notwendigkeit wie die Verschwiegenheit gegenüber Dritten bzw. der Konkurrenz.
- Der Trend zum Outsourcing wird sich bis 2010 weiter fortsetzen. Diese Form, die auch im weitesten Sinn der Kooperation zuordenbar ist, wird sich in den Bereichen Hightech und Wissensarbeit signifikant manifestieren. Outsourcing wird auch im Rahmen der Zerschlagung von großen Konzernen ein elegantes Thema werden, um einer Vielzahl von kleineren GmbHs neue Förderungsmitteln zuteil werden zu lassen. Diese Strategie ist insofern für große Konzerne besonders bedeutend, da sie dann unter KMUs fallen und nicht mehr als Großkonzerne geführt werden, und somit der EU-Aufsichtsbehörde im Förderungsbereich einer klaren Überprüfung entzogen werden.

Beispiel

In der automativen Schlüsselindustrie werden im Jahr 2010 rund 80 % der Wertschöpfung outgesourct. Im Vergleich dazu wurden im Jahr 2000 noch 28 % der Wertschöpfung der jeweiligen Automarken im eigenen Haus generiert und nur 72 % outgesourct.

Die Cost-Cutting-Strategie

Nachdem 1995 bis 2005 in den meisten Branchen und in sehr vielen Unternehmen bereits die Formel verwirklicht wurde „bei 30%iger Kostenreduktion gleichzeitig den Output um 30 % zu erhöhen", ist der Trend bis 2015 nachhaltig erkennbar, dass Visionäre mit Sinnstiftung in der Unternehmensstrategie den Ton angeben werden.

Die „Rotstift-Manager" werden in die zweite Reihe zurückgedrängt. Faktum ist, dass einige Branchen jedoch einen massiven Timelag haben, insbesondere jene, die eine „Quasi-Monopolstellung" hatten und somit den Kräften des wettbewerbsorientierten Marktes nicht oder kaum ausgesetzt waren. Diese werden die Cost-Cutting-Strategie in den nächsten Jahren noch massiv zu vollziehen haben.

Beispiele, wo die Cost-Cutting-Strategie in den kommenden fünf Jahren schlagend werden wird, sind zum Beispiel die Bundesbahn oder die Postbetriebe. So werden bis 2010 rund 30 % der österreichischen Postfilialen schließen. Bei den Bundesbahnen werden die Personalkosten im gleichen Zeitraum um 30 % gesenkt werden.

Aufgrund der EU-Osterweiterung wird es zu einer gegenseitigen Annäherung der massiven Lohnunterschiede zwischen West und Ost kommen. Durch eine rund 10%ige Arbeitszeitverlängerung im Westen ohne Lohnausgleich wird bei gleichzeitiger Reduktion der Lohnkosten inklusive Lohnnebenkosten um ca. 15–25 % die Produktivität der westlichen Arbeitskräfte insbesondere in Deutschland somit um insgesamt 30–35 % gesteigert werden.

Gleichzeitig werden die Löhne im Osten in den nächsten fünf Jahren um ca. 15–30 % ansteigen, ausgenommen davon sind Low-Profile-Jobs. Die Gesetzmäßigkeit der kommunizierenden Gefäße tritt nachhaltig in Kraft und wird damit auch Teil der Cost-Cutting-Strategie in jedem Unternehmen sein.

Massenmarktstrategie

Eine Marke, eine Dienstleistung für alle ohne Differenzierungsstrategie, wird von vielen Wirtschaftsexperten in das Reich vergangenheitsorientierter Unternehmensführung verwiesen. Trotz alledem wird die Massenmarktstrategie ab 2010 in Deutschland, Österreich, Holland und Norditalien eine Renaissance erleben.

Durch die boomende Bevölkerung, die in Deutschland aufgrund der Zuwanderung aus dem Osten von 81 Millionen Menschen (Stand 2000) auf rund 93 Millionen Menschen im Jahr 2010 ansteigen wird, und in Österreich von 8 auf 9 Millionen im gleichen Zeitraum wachsen wird, wird eine neue Massennachfrage Faktum werden. Wenn Unternehmen dann den Kunden noch zusätzlich attraktive Angebotspakete mit einem Transgenerationsdesign offerieren, dann kann eine neue Massenmarktstrategie eine sehr viel versprechende Option für Unternehmungen darstellen.

Unter einem Transgenerationsdesign versteht man Produkte bzw. Dienstleistungen, die unabhängig von Alter, Ausbildung und Einkommensstatus begeistern.

Beispiel

Swatch war in der Hochblüte ein klassisches Erfolgsbeispiel für ein Produktangebot mit Transgenerationsdesign. Sowohl ein 16-Jähriger als auch eine 40-Jährige oder ein 70-Jähriger trugen diese Uhr mit Wohlgefallen, Begeisterung und mit der Einstellung, einen besonderen Lifestyle präsentieren zu können.

Die Synergie zwischen neuer Massenmarktstrategie, die ab 2010 aufgrund der neuen demografischen Entwicklungen eine logische Konsequenz ist, und Transgenerationsdesign wird Firmen zu neuen Erfolgswachstumspfaden verhelfen.

Die Markenstrategie

Der klassische Markenartikel wird bis 2015 sowohl vom Handel als auch von den Konsumenten immer wieder aufs Neue auf den Prüfstand gestellt werden. Die Markenstrategie wird nicht nur durch die Discounterpolitik der letzten Jahre einer harten Prüfung unterzogen, sondern auch durch die starke Zunahme von Handelsmarken oder Private Labels. Dies führt dazu, dass der Markenartikel im Wesentlichen zwei alternierende Strategieoptionen nutzen wird:

Entweder wird auf eine Markenerweiterungsstrategie gesetzt oder es wird das Markenportfolio knallhart durchforstet und abgeschlankt. Nur mehr wenige, aber umso stärkere Marken werden weiter gepflegt, schwache werden aufgelassen.

So haben in den letzten zehn Jahren internationale Markenartikler bis zu 30 % ihrer Marken aufgelassen. Im Rahmen der Markenerweiterungsstrategie zeigten im Gegensatz dazu beispielsweise Nivea oder Milka eine immer größere Sortimentsbreite, die mit einer rasanten Innovationspolitik verknüpft wurde. So gewann das lila Regal im Supermarkt oder auch das Nivearegal immer mehr an Laufmetern.

Beide alternativen Markenstrategien werden sich bis 2015 konsequent fortsetzen, je nach übergeordneter Unternehmenszielsetzung.

Nachfolgend finden Sie die 30 stärksten Marken weltweit in einem branchenübergreifenden Überblick.

Erweiterungen/Innovationen finden stets außerhalb der Komfortzone statt. Manager tun gut daran, sich im dosierten und zuMUTbaren Überfordern zu üben, um die Bequemlichkeit der Komfortzone zu verlassen.

Dr. Erich Schönleitner, Geschäftsführer, Pfeiffer HandelsgmbH, Linz

Die 30 stärksten Marken weltweit

		Wert 2002 in Mrd. US-$	%-Veränderung zu 2001	Heimat-land
1	Coca-Cola	69,637	1	USA
2	Microsoft	64,091	-2	USA
3	IBM	51,188	-3	USA
4	GE	41,311	-3	USA
5	Intel	30,861	-11	USA
6	Nokia	29,970	-14	Finnland
7	Disney	29,256	-10	USA
8	McDonald's	26,375	4	USA
9	Marlboro	24,151	10	USA
10	Mercedes-Benz	21,010	-3	Deutschland
11	Ford	20,403	-32	USA
12	Toyota	19,448	5	Japan
13	Citibank	18,066	-5	USA
14	Hewlett-Packard	16,776	-7	USA
15	American Express	16,287	-4	USA
16	Cisco	16,222	-6	USA
17	AT & T	16,059	-30	USA
18	Honda	15,064	3	Japan
19	Gilette	14,959	-2	USA
20	BMW	14,425	4	Deutschland
21	Sony	13,899	-7	Japan
22	Nescafé	12,843	-3	Schweiz
23	Oracle	11,510	-6	USA
24	Budweiser	11,349	5	USA
25	Merrill Lynch	11,230	-25	USA
26	Morgan Stanley	11,205	k.A.	USA
27	Compaq	9,803	-21	USA
28	Pfizer	9,770	9	USA
29	JPMorgan	9,693	k.A.	USA
30	Kodak	9,671	-10	USA

Quelle: Business Week, London/New York 2003

Kommentar

Interessant ist die Tatsache, dass 23 von den 30 stärksten Markenartiklern aus den USA kommen, 3 aus Japan, 2 aus Deutschland und der Rest aus anderen Ländern.

Der Grund, warum die US-Unternehmen in der Markenstrategie weltweit führend sind, hat unter anderem mit der im Vergleich zu Europa sehr unterschiedlichen Bilanztechnik zu tun. In den US-Bilanzen stellt der Markenwert ein echtes Asset dar und wird auch auf der Aktivseite der Bilanz als Vermögenswert bewertet und finanziell ausgewiesen – nicht so in Europa.

Hier hat ein Unternehmen in seiner Bilanz die Werbeaufwendungen zum Markenaufbau nur in der Gewinn-und-Verlust-Rechnung als ertragsmindernde Position stehen. Ein Vermögenswert durch eine starke Marke ist in europäischen Bilanzen nicht ablesbar. Wenngleich die Praxis zeigt, dass heute der Markenwert höher eingeschätzt wird als ein Maschinenpark oder Hallen, die bei einem Verkauf eines Unternehmens ohnedies massiv abgewertet werden.

Der US-Markt ist neben den osteuropäischen und asiatischen Märkten derjenige, der den höchsten Markenartikelzuspruch findet. Umso erstaunlicher ist es daher, dass unter den Top-30-Luxusmarken aus der Sicht der US-Bürger überproportional viele europäische Marken vertreten sind, oder anders gesagt: Europäische Luxusmarken sind in den USA überproportional begehrt. Dazu die nachfolgende Auflistung.

30 Top-Luxusmarken in den USA

1	Harley-Davidson
2	Tiffany
3	Ritz-Carlton
4	BMW
5	Chanel
6	Rolex
7	Gucci
8	Mercedes
9	Bacardi
10	American Express
11	Louis Vuitton
12	J. Walker
13	Prada
14	Diesel
15	Starbucks
16	Estée Lauder
17	Lancôme
18	Four Seasons
19	Bose
20	Armani
21	Moet & Chandon
22	Shiseido
23	Calvin Klein
24	Jaguar
25	Audi
26	Tag Hauer
27	Hennessy
28	Polo Ralph Lauren
29	Oakley
30	Lexus

Quelle: Forbes, New York 2003

Gerade in wirtschaftlich dynamischen und angespannten Zeiten können Luxusmarken durch eine offensiv geführte Strategieverknüpfung exzellente Wachstumsraten verzeichnen. Dies gilt nicht nur für BMW, Mercedes und Audi, sondern auch für Luxusmarken in der Bekleidungsindustrie sowie in der Genuss- und Lebensmittel- bzw. Parfüm- und Drogeriebranche.

Sicher ist, dass der Markenartikel weiter Zukunft hat. Vorausgesetzt, er wählt einen Strategiepfad, der zum einen die Absatzmittler und die Kunden begeistert und zum anderen stimmig und wettbewerbsdifferenzierend für das eigene Unternehmen wirkt.

Die Handelsmarkenstrategie bzw. Private Labels

Handelsmarken lassen sich in der Lebensmittelbranche in drei Kategorien unterscheiden. Die obere Kategorie kommt hauptsächlich im Frischebereich vor. Die zweite zielt auf den Massenmarkt ab und will dem klassischen Markenartikel Marktanteile abnehmen. Die dritte Kategorie betrifft Produkte, die durch eine Niedrigstpreispositionierung die Discounter-Angebote bekämpfen sollen.

Auch bei den Handelsmarken ist ein klarer Grenzwert erkennbar. Supermärkte, Fachmärkte in unterschiedlichen Branchen, Handelsbetriebe, die keine Discounter sind, können maximal 40 % ihres Sortiments mit Handelsmarken bestücken. 60 % müssen aus klassischen Markenartikeln bestehen, da ansonsten eine Verwässerung des Handelsprofils die Folge wäre.

In Großbritannien, das bekanntlich zu den Märkten zählt, die die höchste Handelskonzentration Europas haben und für Handelsmarken am stärksten aufgeschlossen sind, zeigt sich seit dem Jahr 2000 ein signifikanter Bedeutungsverlust der Handelsmarken. 1998 wurden im britischen Lebensmittel- und Drogeriehandel 40 % des Gesamtsortiments über Handelsmarken verkauft. Dies war ein absoluter Spitzenwert. 2002 lag der Handelsmarkenanteil nur mehr bei rund 35 %. Für 2010 wird ein weiterer Rückgang des Handelsmarkenanteils auf ein Drittel prognostiziert.

Ein Angsthase stirbt viele Tode, ein Mutiger nur einen. Per aspera ad astra. Zuversicht und Mut sind der Treibstoff in eine erfolgreiche Zukunft.

Wolfgang Wachmann, Leiter Marketing/PR, RWA, Wien

Bis 2015 werden die Branchen Do-it-yourself, braune & weiße Ware, Apotheken und Gesundheitsprodukte via Generika etc. den Handelsmarken- bzw. Private-Label-Anteil weiter ausbauen. Durch die verstärkten Innovationsanstrengungen der Markenartikelindustrie wird der Grenzwert der Handelsmarken jedoch bei rund 30 % zu liegen kommen. Auch wenn viele Handelsketten zum „Quasi-Markenartikler" aufgrund ihrer hohen Werbeaufwendungen avanciert sind, wird ein ausgewogenes Marken- und Handelsmarkenportfolio notwendig sein, da ansonsten eine Mehrwertpositionierung gegenüber den Discountern am Markt kaum machbar ist.

Nachfolgend ein Überblick über die weltweite Marktanteilsentwicklung der Handelsmarken in der Lebensmittelbranche nach Warengruppen.

Handelsmarken

Marktanteile weltweit in Prozent (Wert) nach Warengruppen

Warengruppe	Produkttyp	Marktanteile in %
Fertiggerichte	Frischware	51
Milch	Frischware	44
Gemüse	TK-Ware	38
Pommes frites	TK-Ware	37
Gemüsekonserven	konserviert	36
Fisch, Meeresfrüchte	TK-Ware	36
Fleisch, Geflügel, Wild	TK-Ware	35
Fertiggerichte	TK-Ware	31
Käse	Frischware	26
Konfitüre, Gelee, Marmelade	konserviert	25
Fleisch, Geflügel, Wild	Frischware	23
Speiseöl	konserviert	21
Reis	konserviert	20
Teigwaren, trocken	konserviert	20
Eiscreme, gefrorener Joghurt	TK-Ware	19
Säfte	alkoholfreie Getränke	19
Butter, Margarine	Frischware	18
Pizza	TK-Ware	17
Katzennahrung	konserviert	17
Hundenahrung	konserviert	16

Quelle: ACNielsen, Agrar Industrie 2004

Die Discounterstrategie

Hier steht eindeutig der billigste Preis im Vordergrund, wenngleich auch in den letzten zwei Jahrzehnten die klassischen Discounter wie Aldi/Hofer, Lidl bzw. die neuen Discounteranbieter zB im Flugverkehr wie Ryan Air, German Wings etc. vom Image der Hinterhofanbieter ein signifikantes Uptrading geschafft haben. Im Lebensmittel-Discount hat 2004 erstmals Lidl in Europa Aldi umsatzmäßig überholt. Der Hintergrund zu dieser Entwicklung ist, dass Aldi primär in den USA und Australien expandiert und Lidl seine internationale Strategie auf Europa fokussiert. Jedes Jahr eröffnet Lidl Discountläden in einem neuen Land Europas.

Fakt ist aber, dass weiterhin ein Aldi-Markt in Europa wesentlich mehr erlöst, nämlich im Durchschnitt einen Umsatz von 5,2 Mio. Euro, als ein Lidl-Discountmarkt mit 2,8 Mio. Euro pro Geschäft.

Nachdem die Discounterstrategie eng verknüpft ist mit der Preis-Mengen-Strategie und der Mengenabsatz kontinuierlich ansteigen muss, ist eine Markterweiterungs- bzw. Expansionsstrategie ein absolut zusätzliches Muss. Für den Einkauf gilt hier die Gesetzmäßigkeit: Wenn das Geschäftsvolumen um rund 100 Mio. Euro steigt, sinken die Einkaufspreise um weitere ein Prozent.

Trotz aller Wachstumsraten, die die Discounter in den letzten Jahren und Jahrzehnten geschafft haben, zeigt die Marktforschung, dass der Grenzwert für Discounter bei 25 bis 30 % Marktanteil liegt. Oder anders gesagt: 75 bis 70 % der Kunden wollen Markenqualität, fliegen Singapore-Airlines, Lufthansa oder Austrian Airlines und nicht German Wings oder Berlin Air.

Je besser die Konjunktur sich entwickelt und die Zuversicht in einer Gesellschaft vorhanden ist, umso geringer wird der Zuspruch zu den Discountern. Je schlechter die wirtschaftliche Entwicklung sich abzeichnet, umso stärker tendiert der Discountermarktanteil zu maximal 30 %.

Beispiel

Zwei klassische Vorbilder dazu sind aus der Lebensmittelbranche die beiden Discounter Aldi (Hofer) und Lidl, die vom „Hinterhof-Discounter-Image" zu einer für alle Kaufschichten salonfähigen Einkaufsquelle geworden sind. Trotz Uptradings gibt es für diese Discounter einen Marktanteilgrenzwert, der je nach Konjunkturentwicklung zwischen 25 % und 30 % liegt.

Die Marktnischenstrategie

Im Business-to-Business-Bereich kann ein Zulieferer in seiner Marktnische ebenso zu den Top-3-Anbietern zählen wie der regionale Handwerksbetrieb mit seinen spezialisierten Produkten bzw. Dienstleistungen, wie zB einem multifunktionalen Komfortlüftungswintergarten. Durch die immer segmentierteren Kundenwünsche bilden sich sowohl im B2B- als auch im B2C-Bereich neue Nischen heraus, die insbesondere von den Klein- und Mittelbetrieben hervorragend genützt werden können.

Folgende Faktoren sind für den Erfolg im Rahmen einer Marktnischenstrategie von besonderer Bedeutung:

1. Die Marktnische wird von keinem globalen Player bearbeitet.
2. Die Produkte bzw. Dienstleistungen müssen zum Kerngeschäft zählen. Eine hohe Fachkompetenz von der Entwicklung bis zur Ausführung ist ein unabdingbares Muss.

3. Der Markt bzw. die Kunden bzw. die Zielgruppen müssen sehr gut bekannt und überschaubar sein.
4. Laufende Innovationen sind eine absolute Notwendigkeit.
5. Die Bonität der Kunden muss sehr gut bis gut sein, da kleine Betriebe in der Regel über eine dünne Eigenkapitaldecke verfügen.
6. Kooperationen mit Handschlagqualität, um multifunktionale Nischenangebote machen zu können, sind unerlässlich.
7. Die Mundpropaganda bzw. das Empfehlungsmarketing, das durch begeisterte Kunden an potenzielle Kunden weitergetragen wird, ist die wichtigste Werbeschiene. In den meisten Fällen haben KMUs nur sehr kleine Werbebudgets.
8. Die Zielsetzung, zumindest zu den drei besten Anbietern in der Marktnische zu zählen, mit dem Endziel, Marktleader zu werden, soll ein Motor für kontinuierliche Verbesserungsprozesse sein.
9. Falls sich ein globaler Player auf die vorhandene Nische zu fokussieren beginnt, sollte rasch eine neue Nische entdeckt werden. Ein Kampf David gegen Goliath sollte tunlichst vermieden werden.
10. Der persönliche Kontakt und die absolute Markt- und Kundennähe sind ein „must have“.

Vor einer eindimensionalen Spezialisierung in der Marktnischenstrategie ist in jedem Fall zu warnen, da im Sinne der Risikostreuungsstrategie jedes Unternehmen drei bis vier Geschäftsfelder haben sollte, um unterschiedliche Marktnischen auch bei schwankenden Nachfragesituationen optimal austarieren zu können.

Die Tarn-, List- und Tückestrategie

Je globaler die Wirtschaftskontakte und Zusammenhänge werden, desto interkultureller werden auch die Verhandlungstechniken und Methodiken. Je riesiger sich die weltweiten Marktchancen im zukünftigen Business abzeichnen, umso bescheidener und kleiner stellen sich immer öfter Großkonzerne in der Marktakquisition dar. Eine Tarnstrategie der besonderen Art zeigt sich in einem Big Business der Zukunft, dem Trinkwassermarkt.

Jeder Schweizer kennt das Mineralwasser Valser. Nur wenige wissen aber, dass diese Traditionsmarke nunmehr Coca-Cola gehört. Faktum ist, dass in den Millionenstädten unseres Globus bereits heute und erst recht in den nächsten Jahrzehnten Trinkwasser zum knappen Gut geworden ist bzw. werden wird. Wasser spielt eine wesentliche Rolle bei den Zukunftsplänen von Coca-Cola international. John Sicher, Herausgeber der Fachzeitschrift Beverage Digest bringt es auf den Punkt: „Da Wasser weltweit ein immer größeres Geschäft wird, taucht Coke nicht nur seinen Zeh in dieses Becken, sondern springt ganz hinein!"

Spannend dabei ist, dass Coca-Cola den Wassermarkt nicht als globale Marke akquiriert, sondern eine Tarnstrategie insofern anwendet, dass kleine nationale Wassermarken aufgekauft werden und diese nach außenhin regional und traditionell, aber keinesfalls international dargestellt werden. Faktum ist aber, dass das Coke-Management im Hintergrund die wesentlichen Fäden zieht. Nachfolgend dazu die Wasserwelt von Coca-Cola.

Coke's Wasserwelt

Australien	Mount Franklin	Eigentum von Coke, abgefüllt durch Coke Amatil
Australien	Neverfail	Noch nicht im Eigentum von Coke, aber Coke Amatil hat ein Übernahmeangebot unterbreitet
Australien	Pump	seit 2000 auf dem Markt
Belgien	Chaudfontaine	Coca-Cola Enterprises Atlanta hat angekündigt, diese Marke kaufen zu wollen
Chile	Vital	1955 gekauft; ist in Chile die Nr. 2
China	Sensation	seit 2001 auf dem Markt
Großbritannien	Malvern	sehr alte Marke; 1999 erworben
Griechenland	Avra und Lyttos	Vertrieb über den Abfüller Coca-Cola HBC
Ungarn	NaturAqua	in diesem Jahr auf den Markt gekommen
Indien	Kinley	im Jahr 2000 entwickelt
Indonesien	Ades	1999 erworben
Japan	Nihon Alps Mori No Mizudayori	seit 1999
Mexiko	Ciel	1997 entwickelt und 2002 durch den Kauf der Marke Risco (läuft aus) erweitert
Polen	Multivita	in diesem Jahr von Coke und dem Abfüller Coca-Cola HBC erworben
Rumänien	Dorna	in diesem Jahr von Coke und dem Abfüller Coca-Cola HBC erworben
Schweiz	Valser	2002 von Coke und dem Abfüller Coca-Cola HBC erworben
Türkei	Turkuaz	2001 entwickelt
USA	Dannon	Teil des Joint ventures, welches Coke 2002 mit Groupe Danone abschloss
USA	Evian	wird in USA vertrieben als Teil des Abkommens von 2002 mit Groupe Danone
Venezuela	Nevada	seit 1996

Quelle: LPinternational 13/03

Ab einem Zeitpunkt X, der zwischen 2010 und 2015 wahrscheinlich ist, könnte die Wasserwelt von Coke zu einer einzigen internationalen Dachmarke zusammengeführt werden. Weißes Gold sozusagen als Big Business der Zukunft.

Die List- und Tückestrategie wird uns in Europa hauptsächlich durch das Verhaltensmuster der asiatischen, insbesondere der chinesischen Geschäftspartner zu schaffen machen. Bekanntlich wird an chinesischen Universitäten List und Tücke als eine anzustrebende Tugend gelehrt, die im Business gezielt eingesetzt werden soll. Dies ist nicht nur für die Europäer, sondern auch für die US-Manager eine neue, zumindest aber ungewohnte Geschäftsgestion. Mit welch großen Managementunterschieden wir zwischen Asien/Pacific, Europa und USA zu rechnen haben, ist im exzellenten Gastkommentar von Co-Autor Heinz Durstberger in diesem Buch ab Seite 155 nachzulesen.

Unternehmer, die nicht ständig besser werden, hören auf gut zu sein. Gut ist der, der neben der Fachkompetenz die soziale Qualität im Team fördert.

Verbandsdirektor RA Michael Hafner, Bauwirtschaft Südbaden, Freiburg

Literaturverzeichnis

ACNIELSEN, Agrar Industrie: Weltweite Handelsmarkenentwicklung, Frankfurt am Main 2004

BINDER, Ludwig: Gesundheit und Leistung durch Balance in allen Lebensbereichen, in: Schriftenreihe der Polizeiführungsakademie 1/2002

BUSINESS WEEK: Die 30 stärksten Marken weltweit, London/New York 2003

CRAINER, Stuart: Die 75 besten Managemententscheidungen aller Zeiten, Wien/Frankfurt 2000

DAIMLERCHRYSLER AG: Communications, Stuttgart 2003

DUDENREDAKTION: Duden Fremdwörterbuch, Mannheim 2001

DRUCKER, Peter F.: Umbruch im Management, Düsseldorf 1996

DRUCKER, Peter F.: Die postkapitalistische Gesellschaft, Düsseldorf 1993

DRUCKER, Peter F.: Die Zukunft managen, Düsseldorf 1992

EUROSTAT, Jahrbuch 2003: Die Europäische Union und ihre Stellung in der Welt, Luxemburg

EUROSTAT, Jahrbuch 2003: Im Spotlight – Die Beitrittskandidaten, Luxemburg

EUROSTAT, Jahrbuch 2003: Eine Bevölkerung in Bewegung, Luxemburg

EUROSTAT, Jahrbuch 2003: Das Leben und seine Gefahren, Luxemburg

EUROSTAT, Jahrbuch 2003: Ausbildung und Arbeit, Luxemburg

EUROSTAT, Jahrbuch 2003: Haushalte, Luxemburg

FOODSERVICE: Wirtschaftsfachzeitschrift für professionelle Gastronomie, Frankfurt, Ausgabe 07-08, Juli 2004

FORBES: Top-Luxusmarken in den USA, New York 2002

GERSEMANN, Olaf: Amerikanische Verhältnisse, München 2003

GROSS, Günther: Beruflich Profi, privat Amateur?, Landsberg/Lech 1999

HARENBERG, Bodo: Aktuell 2002, Dortmund 2001

HARVARD BUSINESS MANAGER: Düsseldorf, Ausgabe Februar 2003

HARVARD BUSINESS MANAGER: Düsseldorf, Ausgabe Oktober 2003

HEHENBERGER, Christian: Die Zukunft fest im Griff, Pregarten 1995

HEHENBERGER, Christian: Märkte mit Zukunft, Pregarten 1997

HEHENBERGER, Christian: Auf ins neue Jahrtausend, Pregarten 1999

HEHENBERGER, Christian: in: Handwerk Magazin, Hohe Zuwachsraten für innovative Betriebe, Bad Wörishofen, Ausgabe April 2002

HEHENBERGER, Christian: Die Zukunft in unserer Hand, Gutau 2003

HINDLE, Tim: Die 100 wichtigsten Managementkonzepte, München 2001

HOPFMANN, Jürgen, Georg WINTER: Zukunftsstandort Deutschland, München 1997

INNUNG DER MECHATRONIK: Zukunftsinfo, Linz, Ausgabe September 2001

INSTITUT FÜR MARKETING UND TRENDANALYSEN: VIP-Zukunftsreport, Ausgabe 1, Gutau 2003

INSTITUT FÜR MARKETING UND TRENDANALYSEN: VIP-Zukunftsreport, Ausgabe 2, Gutau 2003

INSTITUT FÜR MARKETING UND TRENDANALYSEN: VIP-Zukunftsreport, Ausgabe 4, Gutau 2004

KATHOLISCHE BIBELANSTALT: Einheitsübersetzung der Heiligen Schrift, Die Bibel, Stuttgart 1982

KOEHNLECHNER, Manfred: Der gesunde Manager – Neue Fitnessprogramme für Führungskräfte, Landsberg/Lech, 1986

KOTLER, Philip, Friedhelm BLIEMEL: Marketing Management (10. Auflage), Stuttgart 2001

KOTLER, Philip, Gary ARMSTRONG, John SAUNDERS, Veronica WONG: Principles of Marketing (Third European Edition), Edinburgh Gate Harlow 2001

KRONBERGER, Hans, Hans NAGLER: Handbuch der erneuerbaren Energien, Wien o.J.

KRONBERGER, Hans: Der Kampf um die Ressourcen, Wien 1998

LOBENSTEINER, Thomas: Mit Wissen von gestern die Macht von heute!, in: Deutsche Polizei 12/97

LP INTERNATIONAL: Branchen-Informationen für Entscheider in Handel und Industrie, Koblenz, Ausgabe 01/03, Jänner 2003

LP INTERNATIONAL: Branchen-Informationen für Entscheider in Handel und Industrie, Koblenz, Ausgabe 13/03, Juli 2003

MEFFERT, Heribert, Manfred KIRCHGEORG: Marktorientiertes Management (2. Auflage), Stuttgart 1993

MEYER, Anton, J. Hugh DAVIDSON: Offensives Marketing, Freiburg i. Br. 2001

MÜLLER, Henrik: Wirtschaftsirrtümer – Richtigstellungen von Arbeitszeitverkürzung bis Zinspolitik, Frankfurt am Main 2004

MÜNCHENER RÜCK VERSICHERUNGS-GESELLSCHAFT: TOPICS geo, Jahresrückblick Naturkatastrophen 2003, München 2003

NAISBITT, John, Nana NAISBITT, Douglas PHILIPS: high tech/ high touch, Naperville 2001

NEUMANN, Uwe, Thomas NAGEL: Professionelles Direktmarketing, München 2001

OPASCHOWSKI, Horst W.: Deutschland 2020, Wiesbaden 2004

POTSDAM INSTITUTE FOR CLIMATE IMPACT RESEARCH, Biennial Report 2000-2001, Potsdam

RAGGAM, August: Klimawandel – Biomasse als Chance gegen Klimakollaps und globale Erwärmung, Graz 2004

RIFKIN, Jeremy: Die H2-Revolution, Frankfurt/Main 2002

SACHS, Andreas, Erich SCHOENLEITNER , Helmut A. GANSTERER: Punch & Power, Was Topmanager von Spitzensportlern lernen, Wien 2003

SCHEER, Hermann: Solare Weltwirtschaft (5. aktualisierte Auflage), München 2002

SCHEER, Hermann: Sonnen Strategie, (4. Auflage), München 1994

SCHUH, Monika: Denker und Macher, München 2002

STERN, Thomas, Helmut JABERG: Erfolgreiches Innovationsmanagement, Wiesbaden 2003

THE EUROPEAN RETAIL THEFT BAROMETER: Diebstahlquote in Prozent vom Umsatz, London 2003

TRENDLETTER: Zukünftige Entwicklungen in Gesellschaft, Wirtschaft, Management, Marketing und Technologie, Nr. 8, Bonn 2003

TRENDLETTER: Zukünftige Entwicklungen in Gesellschaft, Wirtschaft, Management, Marketing und Technologie, Nr. 4, Bonn 2004

TRENDLETTER: Zukünftige Entwicklungen in Gesellschaft, Wirtschaft, Management, Marketing und Technologie, Nr. 7, Bonn 2004

UN: World Population Prospects, New York 2000

UN: World Population Prospects, New York 2002

WARWITZ, Siegbert: Sinnsuche im Wagnis, Freiburg 2001

WEIß, H.R.: Das Wertebild von Polizeibeamten, in:
Deutsche Polizei 2/98

WEIZSÄCKER, Ernst Ulrich, Amory B. LOVINS, L. Hunter LOVINS: Faktor Vier, München 1995

WHO: World Health Statistics Annual 2001, New York 2002

WIRTSCHAFTSKAMMER ÖSTERREICH: Länderprofile der zehn osteuropäischen Beitrittsländer 2002/2003/2004

Werden auch Sie Mitglied!

Die Zukunft fest im Griff
ZUKUNFTSCLUB®
Institut für Marketing & Trendanalysen GmbH

- Als Zukunftsclub-Mitglied gelten Sie als VIP-Kunde am Institut für Marketing und Trendanalysen.
- Auf alle Leistungen des Instituts erhalten Sie 20 % Bonus. Dies gilt für Vorträge, Seminare, Consulting-Leistungen und Direct Marketing Aktivitäten.
- 3 x jährlich bekommen Sie eine persönliche exklusive Zukunftsinformation.
- Pro Jahr erhalten Sie eine Einladung zu einem fachlichen Top-Event.
- Nach terminlicher Abstimmung und Akkreditierung haben Sie auch Zutritt mit Gruppen bis zu 50 Personen zum bautechnisch modernsten Institut Europas.

Weitere Infos bzw. Anmeldung unter:

Institut für Marketing und Trendanalysen GmbH, Kompassstraße 1, A-4293 Gutau
Tel. ++43(0)7946/20555, Fax-DW 30, e-mail: imt@imt.co.at

Die Zukunft fest im Griff
ISBN 3-901852-00-X

Märkte mit Zukunft
ISBN 3-901852-01-8

Festschrift
Auf ins neue Jahrtausend
ISBN 3-901852-02-6

Die Zukunft in unserer Hand
ISBN 3-901852-03-4

Autor von diesen vier Bestsellern: Christian Hehenberger
Verlag: Institut für Marketing und Trendanalysen® GmbH

www.imt.co.at